成长加油站

爸妈不是我的佣人

李 奎 方士华 编著

民主与建设出版社
·北京·

图书在版编目（CIP）数据

爸妈不是我的佣人 / 李奎，方士华编著 . -- 北京：

民主与建设出版社，2019.11

（成长加油站）

ISBN 978-7-5139-2424-5

Ⅰ . ①爸… Ⅱ . ①李… ②方… Ⅲ . ①习惯性－能力

培养－青少年读物 Ⅳ . ① B842.6-49

中国版本图书馆 CIP 数据核字 (2019) 第 269578 号

爸妈不是我的佣人

BA MA BU SHI WO DE YONG REN

出 版 人	李声笑	
编　　著	李　奎　方士华	
责任编辑	刘树民	
封面设计	大华文苑	
出版发行	民主与建设出版社有限责任公司	
电　　话	（010）59417747　59419778	
社　　址	北京市海淀区西三环中路 10 号望海楼 E 座 7 层	
邮　　编	100142	
印　　刷	三河市德利印刷有限公司	
版　　次	2020 年 6 月第 1 版	
印　　次	2020 年 6 月第 1 次印刷	
开　　本	880 毫米 ×1230 毫米　　1/32	
印　　张	30	
字　　数	650 千字	
书　　号	ISBN 978-7-5139-2424-5	
定　　价	238.00 元（全 10 册）	

注：如有印、装质量问题，请与出版社联系。

青少年是祖国的未来，是中华民族的希望。中国的未来属于青少年，中华民族的未来也属于青少年。青少年的理想信念、精神状态、综合素质，是一个国家发展活力的重要体现，也是一个国家核心竞争力的重要因素。

随着年龄的增长，青少年开始认识世界，学习各科知识，在这个过程中，他们逐渐熟悉了社会，了解了民风民俗，懂得了道德法律，具备了起码的生存技巧、劳动技能，掌握了一定的科学知识、探索方法，对大自然、对人生也有了一定的看法。

这一时期，他们渴望独立的愿望日益变得强烈，与家庭的联系逐渐疏远，对父母的权威产生怀疑，甚至发生反抗行为。他们要摆脱家长和其他成人的监护，摆脱由这些成年人规定的各种形式的束缚。

他们对自己充满自信，看不起身边的许多事情，但随着接触社会的增多，他们会逐渐了解到个人只不过是这个大自然中的一部分，个人与他人、社会、自然之间存在着十分复杂的关系，在很多事情面前，个人的能力和作用都是有限的，是要受到制约的。

由于一开始过高地估计了自己的能力，致使他们的很多愿望难以实现，由此他们又产生了自危、自惭、自卑、自惑等不良心态，在这种情绪的影响下，有的青少年甚至走上自毁的道路。研究表明，青春期的青少年是最容易激发起斗志的，他们更容易从别人的成功中吸取适合自己的营养，指导他们的行动。

为了正确地引导青少年的成长，使他们培养正确的人生观和世界观，并合理地控制自己的情绪，我们特地编辑了本套"成长加油站"丛书，包括《爸妈不是我的佣人》《办法总比问题多》《再见坏习惯》《做最好的自己》《懒惰，请走开》《做个内心强大的孩子》《这样做人人都欢迎我》《学习是一件快乐的事》《为自己读书》《自己永远是最棒的》共十册书。

本套丛书从兴趣爱好、积极人生、情绪、心智等多个方面入手，分别讲述了如何培养孩子的美德、怎样提高孩子的情商、智商，怎样养成孩子的独立生活能力等诸多问题，旨在引导青少年对成功的渴望，使其发现自身的兴趣所在，快乐、健康地成长，为他们的成长加油！

目录

第一章　弄懂尊重的含义

尊重是一朵花，一朵开在心间的花；尊重是一条路，一条通往美好的路；尊重是一团火，一团温暖你我的火。

只有真正弄懂了"尊重"的含义，知道尊重父母，尊重师长，尊重同学，你才算长大成人，具备了正常的品格，才能顺畅地踏入人生之路。

"尊重"是一种美德

青少年朋友，随着我们身体一天天地长高，你是否感觉自己突然长大了呢？你长大的感觉是什么呢？是的，此时，我们恰同学少年，风华正茂，自我意识开始迅速发展，对认识自我表现出极大的兴趣，特别是集中表现在关注自我形象方面。

同时，我们开始意识到较为内在的"个性品质"，开始自觉希望自己在各方面都完美纯洁，也就开始拿别人跟自己比较。在自我意识的成长和驱使下，随之自尊意识也有较大发展，希望人们尊重自己言行和维护自己荣誉。

我们青少年自尊意识往往体现在：不愿意别人再把自己当小孩看待，希望父母和老师尊重自己的意见，保守自己秘密，希望获得自我认同感。此时会提出这样一个重要问题："我是谁？"如果对这个问题的回答是成功的，那么我们的自我认同感就形成了，我们对个人的价值和信仰问题就能独立做出决定，就能理解自己是怎样的人，就会接受并欣赏自己。

在此时，我们要注意培养、激发与保护自我意识的发展，特别要培养自我接受能力和自我认识能力，正视自己，建立自信。特别是要获得尊重，开始逐渐形成自我价值观和认识能力，开始探索人生和发展。青少年朋友，让我们来盛赞尊重吧！

　　尊重是一朵花，一朵开在心间的花；尊重是一条路，一条通往美好的路；尊重是一团火，一团温暖你我的火。

　　当你跋涉在崎岖山路，朋友鼓励的目光推动着你，那就是尊重！

　　当你遭遇到人生挫折，老师温暖的双手紧握着你，那就是尊重！

　　当你拾起马路上垃圾，路人赞许的微笑感染着你，那就是尊重！

　　当你懊悔曾经的过失，父母宽厚与理解包容着你，那就是尊重！

　　尊重是一种修养，一种品格，一种对人不卑不亢和不俯

不仰的平等相待，是对他人人格与价值的充分肯定。

学会尊重父母，是对父母的孝敬；学会尊重知识，是对智慧的向往；学会尊重生命，是对生活的热爱。

青少年朋友，我们现在已经长大，需要从现在开始了解尊重的意义。在这里，让我们先来看一位少年朋友对于尊重的理解吧！

我们每个人都渴望得到别人的尊重，甚至有些人不惜破坏别人的名誉来保护自己。不用说，这些人，都是卑鄙可耻的，将会受到人们的鄙视。因此，想要得到别人的尊重，自己就必须学会尊重别人。

小的时候，天真的我不懂得尊重的可贵，也不去追求尊重。

我长大后，渐渐地明白：受到别人尊重的滋味是那么幸福，但是，尊重，它不是呼之即来的。

它，不像钱，可以去挣；它，不像风，可以给予我们一丝凉爽；它，也不像雨，可以滋润大地。它是可以使我们快乐的，它比一切都可贵……

我渴望尊重，多一份尊重，尊重他人，尊重自己，那么社会将会更加和谐，将会更加美好。

可见，尊重是我们每一个人内心的渴求，是我们重要的精神支柱。没有了尊重，我们的人生将会变得黯淡无光，我们的前途将会是一片黑暗。

可是在现实生活中，我们却并非经常得到尊重，以下这些话你是不是很熟悉呢？

　　为什么你不能像谁、谁、谁那样呢？

　　你怎么这么笨呀！简直什么都不会！

　　你一辈子也不会有出息，看你那样子！

　　有时候，我真希望没有你这个孩子。

　　你必须做这件事，否则的话就别吃饭！

　　……

这些话对于我们许多青少年朋友或许都是比较熟悉的吧！因为这些话往往就出自父母长辈的口里。当你听到这些话的时候，特别是在当着许多人听这些话的时候，你是不是曾经伤心欲绝过呢？

是的，很多人都曾经有过这样的经历，这就使我们的自尊心受到伤害。我们每个人都有自尊心。我们每个人都渴望得到尊重，让我们一起来体味一下这个女孩的心声吧。

　　妈妈，我是一个自尊心很强的女孩，我不喜欢您不分场合地指责我。

　　有一次，您的同事杨阿姨来家里玩她看见一墙的奖状，就说："瞧，你家女儿真能干，年年都是三好学生，瞧我家微微，只拿过一次学习星呢！"

　　您听了，瞪了我一眼说："真不知道我家女儿奖状怎么得来的。这孩子，她爸爸把她惯坏了，她都10岁了，煮饭煮

不好，扫地扫不干净，你家微微虽然成绩不好，但啥事都干得成。"

杨阿姨走了以后，我生气地跑了出来，说道："妈妈，你为什么对我要求那么高，我已经努力了啊！"

我还没说完，您就打断了我，严肃地说："妈妈要你成为小区里各方面都是最好的孩子。"说完，您就气呼呼地走了。

妈妈，请您不要不分场合地指责我好吗？多给我些鼓励，那样，我会有信心做好每一件事的。我渴望您的尊重，请您答应我好吗？

"我渴望您的尊重！"这个女孩是不是说出了我们共同的心声呢？是的！即使你不敢大声说出来，相信在你的心里也一定很认同。我们在内心里都渴望得到他人的尊重，不过有一点要清楚，在得到别人尊重的同时，你一定也要学会尊重别人，因为只有尊重别人，才能真正赢得别人的尊重。

尊重是一种高尚的美德，是我们内在修养的外在表现。尊重一种文明的社交方式，是顺利开展学习和工作、建立良好社交关系的基石。让我们一起来读一首赞美尊重的诗歌吧！

尊重是一种需要，

尊重是一种美德。

泥土渴望高山的尊重，

匍匐在高山的胸膛，实现泥土的价值。

高山渴望泥土的尊重，

泥土的献身，成就了高山的巍峨。

水滴渴望大海的尊重，

融入海的世界，领略波涛汹涌的壮观。

大海渴望水滴的尊重，

正是水滴的汇聚，才有大海的广阔无边。

千米井下的采煤工人，渴望尊重。

边防哨所巡逻的战士，渴望尊重。

汗洒沃土的农民，渴望尊重。

奔波劳碌的商人，渴望尊重。

每一个人，都渴望尊重。

不让自尊心受伤害

　　青少年朋友们，你的自尊心曾经受到过伤害吗？你听到或者见到过因为自尊心受伤而影响自己日常生活的事情吗？现在与大家分享这样一个例子：

　　一位小学五年级的学生，一次因数学测试成绩差被老师当众训斥，并罚抄试卷三遍。平时性格内向的他，从此便更加精神压抑，离群寡欢，一上数学课就有一种莫名的畏惧感。

　　后来，这位同学竟发展到只要朝学校方向走便浑身发抖，上课常常觉得头晕眼花，最后，家长不得不叫他休学。

　　这是一个因为心理虐待导致自尊心严重受伤的例子。当然，并不是每一个青少年自尊心受伤后都会出现类似严重的直接后果。但是，伤害却都不可避免，只是程度不同而已。

　　在现实生活中，家长对子女、教师对学生，一怒之下，开口便训，且言语刻薄，什么"笨蛋""蠢货""没出息"顺嘴劈向孩子，这

种不经意的心理虐待非常普遍。尤其是当考试没有考好时，这样的事情更是常见。朋友们啊，我们来看一个小故事吧。

期中考试结束了，"成绩"不免成为最热门的话题。在周二的班会上，老师就以"成绩"为话题展开一番讲论。

对于得好成绩的同学来说这简直是在夸耀自己，但是绝大部分的同学哪能都取得那么好的成绩呢，他们静静地坐着，静静地听着，心里无不在默念着："不要讲到我啊！"

对着黑板上那块正方形的幻灯布上正在放映着的期中考试的成绩，他们心里不好受的滋味谁能体会得到？无情的老师用鼠标在每个取得好成绩的同学名字上点击一番，并一一作点评，看他们脸上无不是灿烂的笑容啊！老师就这样点着点着，当点到两位同学的名字上时，竟说了这样一番话："同学们看看，在上个学期同样取得同等名次的同学，现在竟是天壤之别啊！"

那位获得赞美的同学自然是得意扬扬，但是谁注意到了另一位同学呢？你们能够体会到他心里的悲伤吗？考坏了，当然最需要安慰和鼓励，但是却遭到了这样一盆冷水无情地泼洒，他的自尊心将受到多大的伤害啊？你知道吗，当时他的脸涨得是多么红，虽然表面看不出什么，但是他的心却在哭泣！

老师，您平时不是说对人要有礼貌，不能伤害任何人的自尊心吗？但是此时，您却犯了一个多大的错误啊！您就这样伤害了一个幼小的心灵。

连一个旁观者都会感到伤心，那么这个学生的心灵之痛可想而知了！

自尊心对于任何人都是这么的重要，无论他犯了什么错，都不能伤害他的自尊心，应该告诫他，劝慰他，让他明白事理，而不是用骂、用打来解决一切事情。

可是，在现实生活当中，家长对孩子，老师对学生，训斥责骂，言语刻薄等不尊重孩子的现象并非少见，从心理学角度来说，这就是心理虐待，心理虐待虽不伤皮肉，却危害心理，扼杀个性。

面对心灵虐待，我们青少年要学会尽量保护自己，尽量避免伤害到自己的心灵，要学会与父母师长交流沟通，大胆表达自己的想法和意见，学会说"不"！这是正确的，也是我们应该做的，而不能让自己受伤的心，通过错误的方式发泄，那样只能让自己成为心灵虐待的牺牲品。

你遇到过心灵虐待的事情吗？你是如何面对的呢？如果有什么好的方法和建议，或者想得到别人的帮助，不妨与自己的朋友多交流，那对你自尊心的保护是非常有好处的啊！

做人应该有骨气

青少年朋友，你一定听说过"骨气"二字吧！你对骨气是怎样理解的呢？有位教育家曾经说过，一个人心灵的世界是靠自己的骨气来支撑的，人不怕没有钱，就怕没有骨气。可见，骨气对于我们来说多么重要啊！

俗话说得好：人不可有傲气，但不可无傲骨。所以，青少年朋友，我们一定要有骨气。

　　人没有骨气挺不直腰，人没有尊严站不住脚。自从盘古开天地，三皇五帝到如今，被世人所敬仰和爱戴的，都是有骨气的人。就是写文章与作书画，人们也多崇尚骨气！

　　稍微浏览一下史书，宁为玉碎，不为瓦全，视骨气如生命的人可以说是比比皆是。西汉时苏武出使匈奴，身陷大漠19年，却始终铁骨铮铮，丝毫不为高官厚禄所动；在冰天雪地中牧羊，渴吞雪，饥吞毡，却始终没有改变自己的节操。

　　然而，不知道从什么时候开始，很多人患了软骨症，尽管补钙的广告铺天盖地，却收效甚微。"骨气"这本来挺好的一个褒义词，越来越被人们所鄙视。有人将骨气视为傲气，将骨气视为愚蠢，有骨气的人被视为不合时宜的人。

　　"弱肉强食"这一句适用于现代生物学的口号，不知不觉地成了现代社会学的口号。什么骨气都被我们丢到了脑后，有钱才是硬道理，有权才是真本事。有钱有权有地位，胜于骨气与尊严。为了钱、权，不顾惜身份、脸面，甚至到了寡廉鲜耻的地步。

　　骨气是我们中华民族强调和传承的美德之一，它信奉"富贵不能淫，贫贱不能移，威武不能屈"的气概。有骨气是做人的起码准则。古代就有"饿死不食嗟来之食"的格言，意思就是说虽然饥饿万分，却要有骨气，不能失去人格。

　　做人要有骨气，才能保全民族大义。早在殷商就有"不食周粟"而绝食的忠臣。后来有不为"五斗米折腰"的陶潜，饿死不食美国面粉的朱自清，等等。

　　我国五千年的历史，涌现出的更是无数的铮铮铁骨：岳飞的"精忠报国"、文天祥的宁死不降、中国人民抗日保家卫国……如此众多的事例反映出中华民族不屈不挠的精神，它传承了中华民族的骨气，保持了自己的基本人格。

　　我们青少年也要有骨气，要有自己的基本人格。像上面的抢钱事件就丢了骨气，丢了自己的基本人格。我们有些青少年平时强借别人的饭卡消费、强要别人的食品、甚至盗取他人的钱财，还有抄袭练习、考试时像个盗贼似的窃取他人答案，全然不顾他人的排斥与反感等，也是没有骨气的表现，当然也毫无尊严可言。

　　我们应该讲点骨气，只要努力学习、勤学好问，才能学有所获。有了这种心态，既会提高成绩又不失骨气，保持着自己的尊严何乐而不为？

　　青少年朋友们，傲气是我们应该排斥的，但是傲骨却是我们推崇的。让我们来听一段骨气的赞歌吧。

　　　傲骨，是不动声色，虚怀若谷的自然流露，很难让人看得见，摸得着，是"人不可貌相，海水不可斗量"的真实写照；傲气，是哗众取宠，盛气凌人的表演，举手投足，惟妙惟肖，是"不可一世，趾高气扬"的最好注释。

　　　有傲骨的人，只会使人感到亲近，感到和蔼，感到一种力量和尊严；有傲气的人，却会使人疏远，难以接受。或敬而远之，或躲而避之，使人感到压抑和难堪。

　　　傲骨是一种气质，一种风度，一种人格，一种素养，一种知识和道德综合后的存在，是人性中高档次的境界；傲气，是一种浅薄，一种庸俗，一种偏狭，一种土财主式的夜郎自大的心态，一种歪门邪道和一知半解结合后的反映，是人性中应该摒弃的。

傲骨，是登高远望，天宽地广的襟怀，是能包容一切又能雅俗共赏，不负清高而又能从善如流的大家风范；傲气，是井底之蛙的仰望，是"天地就那么大"的肚量，是只有自我，难容他人的故作高深，附庸风雅，却终于雅不起来的小家子气。

傲骨，从不贬低他人来抬高自己，只不过是以自己的高风亮节而自成气候，以自己的谨言慎行而"任凭风浪起，

稳坐钓鱼台"；傲气，从不客观地看待别人，只不过目空一切，既可能损人，又不一定能够利己。

傲骨，是一种任重而道远的追求，也许一个人终其一生才能获其真谛；傲气，是一种顺手牵羊，摘花带叶的以身相许，一个人往往深陷其中，不但不知自拔还不亦乐乎。傲骨，终生保护你的正直、善良、自信、宽容、大度；傲气，随时损害你个人的形象、声誉和身心。所以，让我们挺起胸膛，用傲骨筑就成功之路。

我们要从小培养自己坚定的信念，做到在受到外界的压力或诱惑时，毫不动摇，时刻彰显自己的骨气。人活着就要努力维护自己的尊严，讲点骨气，这样我们才有灵魂。

如果没有了骨气和尊严，我们就变成了行尸走肉，终日用一双"无所谓"的眼睛看世界，心中没有荣辱廉耻，这样的话，我们与动物又有何区别？因此，朋友们，让我们活得有骨气一点吧！

常怀一颗羞耻之心

耻，一般指羞愧的心理感受，也可以用来指使人感到羞愧的耻辱之事。知耻也就是知道羞愧和荣辱。我们只有懂得羞耻，才能自省自勉，奋发图强。有羞耻心的人，才能勇敢地面对自己的错误，战胜自我，这是"勇"的表现。

常怀一颗知耻之心，不仅可以正身，养浩然之气，而且可以知进取，成千秋伟业。知耻是自尊的重要表现，唯有知耻，才有自尊。正是因为知耻，才促使牛顿在科学的道路上不断前进。朋友们，让我们来看一下他的故事吧。

　　为人类做出卓越贡献的物理学家牛顿，小时候很聪明，但读书并不用心，都把心思用到做手工、想问题上了，所以在老师、同学的心目中，他是一个笨孩子。

　　有一次，他自己做了一架小风车带到学校。同学们都围拢过来看。正在一帮小家伙眨巴着眼睛羡慕牛顿的时候，一个同学怪声怪气地说："哟！这风车做得还怪灵巧呢！"

　　这同学讲的是反话，因为他平时学习成绩好，一直在牛顿之上，看到牛顿在他面前表演，很不服气，于是又提高嗓门说："你这小风车外形造得还可以，可它为什么会转动，你懂得这原理吗？"

　　牛顿一时答不上来，脸就红了。那位同学劲头更足了："哼！说不出来吧，可怜！自己做的东西自己讲不出原理，说明你只不过和木匠一样！"

　　牛顿被他这番话羞得无地自容，他哭丧着脸，走开了。这时，原来围在牛顿身边的一群小同学也一个个对他另眼看待了。

　　"木匠！木匠！连原理都讲不出来，还在这里显示！"说着，有的同学就动手打他的风车，别的同学也跟上去，七手八脚把牛顿的小风车打了个稀巴烂。

　　牛顿心里很难过，眼泪一滴滴地流下来，事后他细想：

这些同学为什么欺侮我呀？还不是因为我自己不争气？自己为什么不下决心把功课学好呢？夜已经深了，小牛顿还在想白天发生的事。最后下了决心：一定要把功课学好。

人小志不小，小牛顿自从立志勤学后，好像换了个人似的，上课认真听老师讲课。下课认真复习功课，有空还不忘他的小手工艺。

不多久，他的学习成绩就赶上来了，而且超过了骂他是"木匠"的那位同学，成为班里的优秀生。后来，他的钻研精神，使他成为著名的科学家。可见，自尊在人生的经历当中是多么的宝贵啊！

牛顿之所以能够成为一个伟大的科学家，他的自尊心起到了极其重要的作用。当他受到嘲弄时，他没有示弱，而是更加清醒地认识到了自己的不足，这就是"知耻"。"知耻"激发了他的强烈的求知欲，让他不断努力前进，最终赢得别人的尊重。

知耻近乎勇。知耻是前提，只有我们青少年朋友"知耻"，才能唤起我们洗刷耻辱、捍卫尊严的勇气，才能激发出改造自我与社会的巨大力量，从而战胜脆弱、委琐与渺小，为自我、群体乃至国家、民族赢得伟大与光荣。

文学巨匠鲁迅，

正是为"灵魂中有毒气和鬼气"而感到羞耻，所以才"无情面地解剖自己"，"月月时时自己和自己战"，成为"空前的民族英雄"。

青少年朋友，树立正确的荣辱观，要从自我做起，我们的国家一定能够兴旺发达，我们的民族一定能够焕发出无穷的生机与活力。为了我们的明天，让我们不忘耻辱，勇敢前进吧！

在宽容中学会尊重

多一些宽容就少一些心里的隔阂，多一分宽容就多一份真诚的友爱。世界上最宽阔的是海洋，比海洋宽阔的是天空，比天空更宽阔是人的胸怀。忍一时风平浪静，退一步海阔天空。用宽容的心境与人相处，友谊才能稳固和长久。

宽容，是一种豁达、也是一种理解、一种尊重、一种激励，更是大智慧的象征、强者显示自信的表现。宽容是一种坦荡，可以无私无畏、无拘无束、无尘无染。

大海因为宽容，而变得浩瀚无边；天空因为宽容，云彩绵绵而美丽动人；山峰因为宽容，汇集细土尘沙而巍峨耸立。人有了宽容，才有了永恒的美丽。

现在让我们看一个懂得宽容的男孩子的故事吧。

那是一个平常的秋季，我穿了一条妈妈新给我买的白色运动裤去上学。到了学校，许多老师与同学都夸我这条白裤子，我也觉得今天特别潇洒。

那天，正好有体育课，我由于兴奋，没有顾及自己穿的是白裤子，便玩起了篮球。突然一个身影窜了出来，我没有看清楚，就把球传了过去。说时迟，那时快，球不偏不倚地砸在了他的身上。

我定睛一看，那位同学的浅蓝色衬衫上留下了一个烧饼大的黑印。我急忙道歉，可是他火冒三丈，朝我的腿上踹了两脚，我的白裤子上留下了两个深深的脚印。我抑制住了内心的气愤，继续玩球……

放学后，同学们纷纷回家。这时我发现有个同学在心急火燎地找东西。我走过去一看，正是踢脏我裤子的同学。我转身想走，可又一想：何必呢！就帮他一起找。当我热情地伸手相助的时候，迎来的是那位同学感激的笑容，我的心里也荡漾着温暖和快乐。宽容是永恒的美丽。

因为宽容，你的胸怀博大如海，任恩怨沉浮；因为宽容，你的品质高尚如山，让怨恨无处藏身，因为宽容，你才有了永恒的美丽。宽容是一种修养，更是一种美德。宽容不是胆小怕事，而是海纳百川的大度。做人就要学会宽容。

宽容似水。宽容，即原谅他人的过错，不耿耿于怀，不锱铢必较，和和气气，做个大方的人。宽容如水般的温柔，在遇到矛盾时，往往比过激的报复更有效。它似一泓清泉，轻轻抹去彼此一时的敌意，使人冷静、清醒。

宽容似火。因为更进一层的宽容，不仅意味着不计较个人得失，还能用自己的爱与真诚来温暖别人的心。心静如水的宽容，已是难得；雪中送炭的宽容，更可贵，更令人感动。宽容，能融化彼此心中的冰冻，更将那股爱的热力射进对方心中。在这充满竞争的时代，人们所需要的不正是这种宽容吗？选择宽容，也就是选择了关爱和温暖，同时也选择了人生的海阔天空。

宽容如诗。宽容是一首人生的诗。至高境界的宽容，不仅仅表现在日常生活中对某件事的处理上，而且升华为一种待人处事的人生态度。宽容的含义也不仅限于人与人之间的理解与关爱，而是对天地间所有生命的包容与博爱。

宽容是一种大度、是高尚情操的表现。宽容之中蕴含着一份做人的谦虚和真诚，蕴含着一种对他人的容纳与尊重。学会宽容，心灵上就会获得宁静和安详。学会宽容，就能心胸开阔地生活。

很多时候，宽容会给人带来一种良好的人生感觉，使我们感到愉悦和温暖，生活中就会少些怨气和烦恼，就能感觉到生活中快乐的相伴，而不是缺少快乐。

宽容是人类生活中至高无上的美德。因为宽容可以化解怨恨，可以超越一切，宽容需要一颗博大的心。因为宽容是人类情感中最重要的一部分，这种情感能融化心头的冰霜。

生活需要宽容。在生活中每个人都会有不如意，每个人都会有失败，当你的面前遇到了竭尽全力仍难以逾越的屏障时，请别忘了：宽容是一片宽广而浩瀚的海，能包容一切，也能化解一切，会带着你跟随着它一起浩浩荡荡向前涌奔。

宽容是一种无声的教育。唯有宽容的人，其信仰才更真实。最难得的是那种不求回报的给予，因为它以爱和宽容为基础：要取得别人的宽恕，首先要宽恕别人。尽管我们不求回报，但是美好的品质总会在最后显露它的价值，更让人感动。责人不如帮人，倘若对别人的错处一味挑剔、苛责，只能更加令人反感，而且可能激起逆反心理一错再错。

学会宽容，就要承担一种做人的责任、就要学会一种良好的做人方法。生活中宽容的力量巨大。因为批评会让人不服，谩骂会让人厌恶，羞辱会让人恼火，威胁会让人愤怒。唯有宽容让人无法躲避，无法退却，无法阻挡，无法反抗。

宽容是一门学问。宽容更应是"严于律己，宽以待人"。轻易原谅自己，那不是宽容，是懦弱。"宽以待人"，也要看对象，宽容不珍惜宽容的人，是滥情；宽容不值得宽容的人，是姑息；宽容不可饶恕的人，是放纵。所以，宽容本身也是一门学问。

宽容是一种有益的生活态度、是一种君子之风。学会宽容，就会善于发现事物的美好，感受生活的美丽。就让我们以坦荡的心境、开阔的胸怀来应对生活，让原本平淡、枯燥的生活散发出迷人的光彩。

因为宽容，纷繁的生活才变得纯净；因为宽容，单调的生活才显得亮丽。宽容赋予了生命多么美丽的色彩！天地如此宽广，但还有比它更宽广的东西——人心。让我们学会宽容吧！让我们在宽容中学会尊重，也得到尊重！

尊重生养自己的父母

　　在我们的一生中，父母的关心和爱护是最博大最无私的，父母的养育之恩是永远也诉说不完的：吮着母亲的乳汁离开襁褓，揪着父母的心迈出了人生的第一步，在甜甜的儿歌声中酣然入睡，在无微不至的关怀中茁壮成长。

　　青少年朋友，父母因为我们的生病熬过多少个不眠之夜，父母因为我们的读书升学费去多少心血。父母对于我们的恩情可以说比天还高，比地还厚。所以，我们对父母一定要尊重。

　　青少年朋友们，现在让我们来看一个儿子是如何尊重父母的吧。

　　　　有这样一个儿子，他是个大款，母亲老了，牙齿全坏掉了，于是他开车带着母亲去镶牙，一进牙科诊所，医生开始推销他们的义齿，可母亲却要了最便宜的那种。

　　　　医生不甘就此罢休，他一边看着大款儿子，一边耐心地给他们比较各种义齿的本质不同。

　　　　可是令医生非常失望的是，这个看似大款的儿子却无动于衷，只顾着自己打电话抽雪茄，根本就不理会他。医生拗不过母亲，同意了她的要求。

　　　　这时，母亲颤颤悠悠地从口袋里掏出一个布包，一层一层打开，拿出钱交了押金，一周后再准备来镶牙。

两人走后，诊所医生开始大骂这个大款儿子，说他衣冠楚楚，吸的是上等的雪茄，可却不舍得花钱给母亲镶一副好牙。

正当他义愤填膺时，不想大款儿子又回来了，他说："医生，麻烦您给我母亲镶最好的烤瓷牙，费用我来出，多少钱都无所谓。不过您千万不要告诉她实情，我母亲是个非常节俭的人，我不想让她不高兴。"

有句古语说得好："百善孝为先。"意思是说，孝敬父母是我们人类各种美好品德中最为重要和占第一位的品德，是作为儿女必做的天经地义的事情。

孝敬父母，首要的就是尊重父母。所谓尊重父母，指的是恪守父母和子女之间的礼，也就是俗话说的规矩。其中最重要的就是不执意违背父母的意愿，不增加麻烦。

对我们来说，孝敬父母、回报父母，不必非要像上面所说的那样，要做一番惊天动地的事情。我们只要在平时多注意从身边小事做起，从一点一滴做起，就完全可以尽到我们对父母的孝敬之心，尊重之意。亲情是一个人善心、爱心和良心的综合表现。尊重父母，尊敬长辈，是做人的本分，是天经地义的美德，也是各种品德形成的前提，因而历来受到人们的称赞。

试想，一个人如果连尊重父母、报答养育之恩都做不到，谁还相信他这个人呢？又有谁愿意和他打交道呢？因此，我们应该用我们的优异成绩，我们的健康成长来回报父母。

第二章　确立独立的人格

独立是立世之本，只有独立自主，才能挺直腰板做人。没有人能依靠父母一辈子，总有一天，我们会一个人面对这个世界。

所以，我们应该随着年龄的增长和见识的增加，学着自己处理一些难题，有意识地培养自己的独立性，以便能够适应生活环境的不断变化，为自己以后在社会这个大舞台上施展才能打下基础。

克服依赖，学会独立

由于父母的疼爱和精心呵护，一些人不自觉地养成了生活上的依赖性，遇事不是先想到自己去做，而是想到由别人做或靠别人帮助去做，长此下去，将严重影响自身的成长。

一般来说，这些人的依赖现象主要表现为缺乏信心，缺少对生活的热情，缺少对学习的兴趣，放弃了对自己大脑的支配权。这些人通常做事没有主见，常常采纳别人的意见，表现出缺乏自信心，总觉得自己能力不足，甘愿置身于从属地位；总认为自己很难做成一件事，时常需要他人帮助，处事优柔寡断，遇事希望父母或师长为自己做决定；喜欢和独立性强的同学交朋友，希望在他们那里找到依靠、找到寄托……一旦失去了可以依赖的人，这些人便会不知所措。

如果以上情况发生在自己的身上，那就要注意了——这说明自己已经有了依赖心理。那么，应该怎么办呢？来看看下面这位同学是如何做的吧！

记得去年暑假，我随学校到美国访问，这是我第一次离开父母独立生活，心里又兴奋又忐忑。临行前妈妈总是有些担心，不断叮嘱我："要学会照顾好自己。"爸爸说这是一次锻炼自己的好机会。

　　我也信心满满地说："放心吧，我能行。"就这样，我踏上了旅程，一切都很顺利，我和同学们很快来到了美国，看到了一个全新的世界，感觉一切都是那么的新鲜，同行的人都很兴奋，也玩得很开心。晚上回到寝室，我十分疲倦，往床上一倒就睡着了。

　　睡着睡着，只觉得大火烧身似的，口干舌燥，我使足了全身的力气，把手伸向床头柜上的杯子，但一不小心，我把杯子打碎了，也正是这声巨响把我惊醒了，瞬间才想起自己是身在美国，不巧的是自己在这个时候病了，回想以前在家时候妈妈关切的身影，觉得自己特委屈，泪水也情不自禁地流了下来。

　　可是，我又想到临行前自己在爸爸妈妈面前自信的表白，我就告诉自己，这点困难我若都克服不了，我以后如何在社会生存呢？我一定要学会照顾好自己，学会独立，这样才能适应瞬息万变的社会。

　　想到这里，我就赶忙下床拿出自己的杯子，接了满满一杯温开水，喝完后又去行李箱里拿出体温计量了量体温，竟然高达39℃。我赶紧拿出退烧药给自己喝，喝完后又想起了妈妈往日的唠叨："发烧就要多喝温水，多休息。"

　　我就一边喝着水，一边从塑料袋里取出一小团棉花，蘸了些酒精，轻轻地把酒精涂到自己手心里，过了许久，终于感觉烧有些退了，心里顿时觉得有了一种成就感，感觉自己这期间成长了很多。

　　第二天，我竟然奇迹般的好多了，然后接到了妈妈的电话，我告诉妈妈我在美国玩得挺好的，一切挺顺利的，尽管我没对妈妈说实话，但我是为了不让妈妈担心，也为这次能够独立的照顾自己感到高兴和自豪。

　　从美国回来后，我突然感觉自己长大了许多，懂得了无论在生活中还是在学习中，遇到任何困难，都要自己想办法去克服、去解决。这次的经历不仅使我磨炼了意志、选择了坚强，更让我学会了如何照顾自己、学会了自立。

　　相信大家也愿意和故事中的主人公一样，做一个能够自立的人吧！那么，大家可以从以下几个方面着手。

充分认识到依赖心理的危害

　　在日常生活中，大家要注意纠正平时养成的坏习惯，提高自己的动脑、动手能力，多向独立性强的同学学习，避免产生依赖心理。

　　在发生一件事的时候，第一时间应该想想要怎么做，不要什么事情都去指望别人去帮自己处理。遇到问题要作出属于自己的选择和判断，加强自主性和创造性，学会独立地思考问题——独立的人格要求独立的思维能力。

不过分依靠亲友

　　世界上每个人都是独一无二的，都是一个独立的个体，每个人都应该能独立地、很好地生活。朋友是随着生活的变动而不断变动，也许现在的朋友是自己最好的朋友，但是分开后大家的生活圈子中会出现其他的朋友，其他人就可能成为自己最好的朋友，那时大家也许淡忘了现在的朋友。因此，不要过分地依赖身边的亲人和朋友，因为他们可能随时离去。

大家应该明白，父母终有一天会老去，自己不可能永远在他们的保护下生活，自己总有一天要到社会上去工作、去生活，很多事情都需要自己去面对和承受，只有大胆地接触社会，大胆地接受失败，不断积累人生经验，独立的翅膀才会飞得更高更远。如果总是带着怕被人伤害的思想，不敢踏出成长的步伐，那么自己将永远不能长大，甚至可能成为父母的负担。

总之，学会独立面对生活中的一切，才能更好地度过未来生活的每一天。

自己能做的事情自己做

小时候，幼儿园老师就告诉我们："自己的事自己做。"但现实社会中，还是有很多人离开了父母，自己几乎就不能正常生活了。这就是缺乏独立性的表现，应当尽快地予以克服，否则就可能会遇到下面故事中小娟遇到的情况。

新学期开学了，第一次上寄宿学校的高一女生小娟，在妈妈的陪同下到学校报到注册。之后，妈妈又为她挂上蚊帐，铺好床单，买好饭菜票。妈妈临走时，小娟拉着妈妈的手怎么也不肯松开。妈妈只好又对小娟说了好多注意事项。

终于，妈妈离开了学校，但转眼间，麻烦事也来了。傍晚，小娟到学校的浴室去洗澡。等全身淋湿后，她才突然想起自己没带洗涤用品和替换的衣服。

因为在平时，这些事都是妈妈为她做好的呀！那么，现在该怎么办呢？小娟既不知道自己该怎么洗下去，又想不出擦干身子的办法，只好在浴室里号啕大哭起来……

和小娟相比，跟她同一天入学的小军就做得很好。因为家庭环境的关系，小军上学没有人能送他。到了学校后，在高年级同学的指引下，他顺利地来到宿舍，并把自己的用品整理好，然后就在校园里转了起来。

校园很大，可是小军还是把校园里的每一个角落都走了一遍，并把主要的功能楼和生活区都弄得清清楚楚。在熟悉了新的环境后，小军觉得踏实了不少。

到了傍晚，小军准备好了洗涤用品和替换的衣服，去学校的浴室很轻松地完成了洗澡，然后又到食堂里

买好饭菜票，并吃了晚餐。第一次离开家的小军在独立完成
了这些事情之后，觉得自己成熟了很多……

其实，在日常生活中，像小娟和小军这样的同学有很多。大家是
愿意像小娟一样不能独立生活，还是愿意像小军一样自己的事情自己
做呢？如果希望自己像小军一样变得独立成熟，那么，从现在开始，
自己能做的事就自己来完成吧！随着自己的日渐成长，大家必须肩负
起属于自己的责任，这份责任就是"自己的事情自己做"。

下面再来看看安琳同学是怎么做的吧。

安琳是一名13岁女学生。豆蔻年华的她，本应得到父
母的百般呵护，但由于母亲病重，她小小年纪便挑起生活的
重担。

在安琳6岁那年，她的妈妈突患重病，最终导致下肢瘫
痪，生活不能自理。为了给妈妈看病，不但家里的积蓄花光
了，还欠下了十几万元的债务。为了能多挣点钱给妈妈治
病，爸爸早出晚归外出打工，从此照顾妈妈的任务便压在了
刚刚上学的安琳身上。

每天天刚蒙蒙亮安琳就起床，然后穿好衣服，洗脸做
饭，再把做好的饭端到妈妈的床头，给妈妈倒好水、放好
药，等妈妈醒来后吃饭、服药。为了减少生活开支，她又学
会了蒸馒头、包水饺、炒小菜。生活的重负下，她一直勤于
学业，科科成绩名列前茅……

她伺候妈妈吃饭、洗头、洗脚、给妈妈熬药，收拾家

务，管理菜园。有时做点荤菜，她总是仔细地把肉片挑出来，端给妈妈吃。她说："如果我能替妈妈分担一点痛苦，我心里也会变得高兴一点……"为了让妈妈高兴，她一有时间就和妈妈聊天，学校的新鲜事、趣事都和妈妈说说。她的孝心受到了邻里和学校老师的一致称赞。

困难并没有让小安琳屈服，反而让她更坚强和乐观。为使家务料理与学习两不误，她学会了科学合理地安排时间，当同龄人在妈妈的陪伴下进入梦乡的时候，安琳却刚刚做完家务，开始写作业，从来没有因为家务劳动而影响学习。

自己的事情自己做，意味着要独立安排自己的生活，要离开父母和老师的庇护，自主处理学习、生活中遇到的难题，要靠自己的双手去开创属于自己的事业，创造多彩的生活。那么，具体应该怎么做呢？

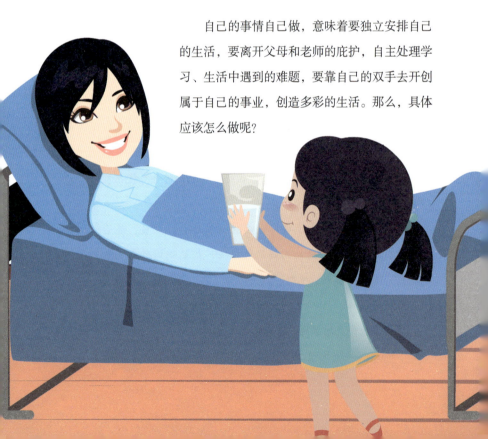

要学会劳动，从身边的小事做起

热爱劳动，在劳动中体会到生活处处离不开劳动，是劳动创造财富，创造了辉煌，是劳动创造人类所需的一切。大家可以先学着自己的事自己做，然后还要学着帮助父母做事，例如拖地、洗菜、做饭等。

要克服自己的依赖思想

依赖思想对人们的发展是很不利的，它不仅会使人丧失独立生活的能力，还会使人缺乏生活的责任感，造成人格的缺陷，只想过不劳而获的生活。要知道，只会贪图享乐的人，是不能适应社会生活的。

总之，生活的路得自己走，自己的事情自己做有助于拥有美好的人生，有助于战胜困难和挫折，使自己更好地生活，让自己的未来充满阳光。

做个不给父母添麻烦的人

如今溺爱孩子是普遍现象。父母竭尽全力地满足孩子各方面的需求，代替孩子完成一切力所能及的事情，例如做饭、做家务等，他们觉得这样可以保证孩子的健康成长。

实则不然，这样做的后果，是会让孩子习惯什么事情都不去自己完成，总是习惯一味地去麻烦他人，依靠他人的力量来帮自己完成，久而久之，孩子就会越来越习惯去麻烦身边的人了。

　　某高校学生王勇的妈妈把所有心血都倾注在他身上，一心想让王勇考上名牌大学。

王勇从小就被妈妈宠爱，所有的事情都由妈妈一手操办。妈妈的话他从不敢违背，妈妈怕危险不让他骑车，他就乖乖听妈妈的话。

有一次，妈妈出差，给他留下了面包和饼干，让他先吃面包，再吃饼干，后来面包都长毛了，他都不吃饼干——因为面包没有吃完。结果，妈妈回来时，王勇因为吃了坏掉的面包，生病住院了。

从小到大，王勇应该做的事情，妈妈都帮他做了，这也使得王勇的生活能力很差，总是给妈妈添麻烦。即使上大四了，还是要把衣服拿回家让妈妈洗。

不仅如此，在学校，王勇还经常麻烦同学帮助自己做一些小事，例如打饭、打水或者洗碗。如果没有同学帮助自己打饭，他宁愿只去超市买方便面吃；如果没人帮他洗碗，他甚至会买很多一次性盒子，吃一次扔一个。由于他经常麻烦别人，同学们谁也不愿意和他住在一间宿舍里。

在学习上，王勇也习惯请人帮忙。他自己不做笔记，甚至做作业也请同学帮忙完成，一学期下来，他有好几科没及格。直到这时，他才开始后悔起来……

故事中的王勇，因为他从小养成了依靠妈妈、麻烦妈妈的坏习惯，结果长大后，就会变得越来越懒惰，到最后谁也不愿意帮助他。从故事中可以悟出，"不给别人添麻烦"是做人的基本准则。每个人都应该努力做到不给别人添麻烦，不让别人不快，不让别人操心，不让别人担心。

那么，要怎么做才能尽量避免给他人添麻烦呢？简单地说，应该注意以下五个方面。

要做孝敬自立的孩子，不给父母添麻烦

在家里能够把自己的衣服洗干净叠整齐，自己的事情自己做，生活自理，提高独立生活能力，不让父母操心；做父母的好帮手，勤劳俭朴，做一些力所能及的家务劳动，减轻父母的负担；不向父母提过分要求，懂得感恩，主动与父母沟通交流，为父母分忧。

做尊师重教的学生，不给老师添麻烦

遵守学校的规章制度，维护校容校貌，珍惜学校的荣誉，做学校的主人；尊敬师长，遵守课堂纪律，维护和谐的师生关系；努力学习，勤于钻研，善于思考，学好知识；认真听好课，做好作业，不拖拉，不抄袭。

做友善互助的同窗，不给同学添麻烦

课堂上不说闲话，不做闲事；拿别人东西的时候要打招呼；要做到团结同学，珍视友谊，互相包容，和谐相处；还要关心同学，真诚待人，友爱互助，共同进步；要乐于助人，富有爱心，扶助弱者，在他人需要帮助的时候伸出援手。

做遵纪守法的市民，不给他人添麻烦

文明出行，不走机动车道，不可横穿马路，不要跨越交通护栏；要文明乘车，自觉排队，先下后上，尊老爱幼，主动给老弱病残孕让座；文明骑车，不闯红灯，不在机动车道骑行，不乱停乱放，自觉遵守社会公共秩序；给别人造成了麻烦，要道歉，并尽可能马上解决造成的麻烦。

做文明有礼的公民，不给社会添麻烦

维护公共环境，讲究卫生，不乱扔杂物，不随地吐痰，不破坏公物，不乱刻乱画，不损坏绿地草木，不使用一次性非环保物品；遵守公共秩序，文明有序，不在公共场所大声喧哗、嬉闹，不说脏话和污言秽语；讲究礼仪礼节，使用文明礼貌用语，仪容仪表整洁得体，热情帮助他人。

必须承认，要做到不给他人添麻烦是不简单的。因为人们心中总有挥之不去的烦恼，人们将它体现在语言或行动上，这样就会把烦恼转嫁给周围的人。因此，我们应当替别人着想，学会换位思考，约束自己尽量不给别人添麻烦，同时也要让自己消除烦恼，赢得较高的幸福指数。

锤炼坚强果断的性格

任何一个孩子要想健康成长，都必须要培养坚强果断的性格。这里列举的一些行为举止都对培养孩子的个性有一定帮助，希望我们每一个青少年都能从中得到启发，让自己变得坚强、阳光起来。

胆要大

你是否有过这样的经历呢？蹬自行车冲红灯，看见警察招手，你还照骑不误；在马路上滑着轮滑同汽车比速度。你是不是觉得这样的自己很"牛"很"酷"呢？甚至认为自己胆子很大呢？事实上这样的举动可不是在锻炼胆量，简直是在自找危险。

要锻炼胆量，你可以去游乐园坐坐过山车和海盗船，或到"魔鬼洞"去感受感受"吓死人"的心跳，或去做做"荒岛探险"游戏，也可以参加各类闯关游戏。不过，在进行这些活动的时候，你一定要保护好自己，而且最好不要过多进行。

心要细

谁说小女孩就是大大咧咧的呢？我们阳光的女孩在某些事情上可是很细心的！比如我们可以留意父母、朋友的生活喜好，在他们生日时可以制造一些很贴心的意外的惊喜。心细还表现在善于分析和思考，不鲁莽。总之，胆大而心细的男孩，往往更有人缘，更会讨人喜欢呢！

行事果断

什么是果断？果断是指一个人善于明辨是非，能迅速地估计情况，适时地做出决定，并能立即执行。

有这么一个故事：

一只狐狸很想吃到河对面的葡萄。可是它又很害怕自己美丽的尾巴被弄湿，因此，它一直犹豫不定，在河边徘徊，忘记了观察身边的情况。在它左思右想的时候，有一只狼靠近了它，当它发现的时候，已经太晚了，结果它倒在了血泊里。

可见，果断地做出决定，多么重要。事实也是如此，在成长过程中，我们男孩总要面临很多的抉择。有些时候，特别是在一些紧急情况下，如果你犹豫不定，迟迟做不了决定，或者是左右徘徊，顾虑重重，不敢决断，那么你可能失去的更多。

所以，我们男孩，应该把果断做决定当作一种习惯。因为有魄力的男孩，更容易成功，更容易获得大家的肯定！

机智敏捷

很多人之所以深受大家喜爱，在很大程度上归功于他的机智和口才。

潘玮柏是很多男孩都很喜欢的一位歌手，他能唱能跳会写歌RAP又一级棒，大家怎能不喜欢？除了学唱他的歌，很多男孩还跟着跳壁虎舞或者学着"咖喱辣椒"，这就是潘玮柏的魔力啊！

不过，你知道吗？除了会唱能跳，潘玮柏还拥有惊人的口才和机智善辩的敏捷思维呢！

在一次歌迷见面会上，一个歌迷给潘玮柏送了一份礼物，潘玮柏迫不及待地打开来，才看了一眼，就尖叫道："哇，是个手机啊。"等到所有人目光都聚焦到他身上时，他瞬间变成了学者状，指着盒子说："你们有没有上过课，这不是手机，这叫作老鼠。"其实那是一只玩具松鼠，然后他话语一转："只不过这只老鼠长得很像松鼠。"

现场的歌迷彻底服了他了。你是不是也很想拥有像潘玮柏这样的机智和口才呢？那就需要后天的不断培养和积累才行。多读书，多学习一些相关技巧，只要你有心，就一定做得到。

要有见识

一个有见识的人绝对是一个具有吸引力的人。你不妨将很多名人名言的来龙去脉弄得一清二楚；或者熟知世界各地的旅游胜地，风俗习惯，地理特色；再或者熟读《十万个为什么》，不管大家怎么问，你都能对答如流……

不过，一个人有见识，不单指见得多，还要识得深，见是现象，识才是智慧，见是皮毛，识才是血肉。有见有识的男孩才是真正的有见识，这样的男孩身上的光芒是永远也盖不住的。

活泼大方

活泼大方的男孩总有一种独特的魅力。事实上，热情奔放，活泼好动本就是男孩的天性，也是青春活力的体现。

活泼大方首先表现在行为举止上，落落大方，自然不扭捏。羞怯、畏畏缩缩会让我们失去男孩的阳刚之气的。但是过于热情活泼，只会给别人带来对我们的负面印象，甚至造成许多尴尬场面。为此，作为男孩的我们要学会恰如其分地表现自己活泼的个性，这其实也是一种良好的修养。

真实坦诚

真诚是一种独到的气质。所谓真诚，就是真实、坦诚。能够真心实意，坦诚相待的男孩，能从心底感动他人，让人不自觉地信任和喜欢他。

所以，学会真诚待人吧！一个人如果拥有了真诚的品质就能交到很多知心朋友，他的路也会越走越宽。

第三章　感恩自己的父母

　　父母给了我们生命，抚育我们长大成人，为我们构筑舒适温暖的家。从呱呱坠地到咿呀学语，从入学升学到择业择偶，父母无私的关爱陪伴了我们生命的每一个阶段。

　　父母不是我们的佣人，我们不能对他们进行无尽地索取。我们要感恩父母，感念父母对我们生命的赐予，感谢父母对我们的无私付出，感谢他们的养育之恩。

开心应对父母的唠叨

青少年朋友，随着年龄的增长，我们一步步进入青春期，这时，我们的自我意识迅速发展，独立意识越来越强。我们认为，自己已经长大了，可以独立地处理各种事情了，便想摆脱父母的"束缚"。我们觉得父母说的话特别烦人，觉得他们特别爱唠叨，当他们再次关心我们说这说那时，我们就喜欢以自己的逆反行为来对他们提出抗议。

其实，唠叨是父母表达爱的一种方式，唠叨中处处体现着他们对我们的关心和爱护，如果我们只顾自己的感受而忽视、顶撞他们的唠叨就大错特错了，那么，我们应该如何正确应对父母的唠叨呢？这里专门介绍以下几个招数。

第一招：换位思考多体谅

作为子女，我们应该了解，父母爱唠叨是有他们的原因的，一个是因为我们没有按照父母说的去做，另一个是因为父母担心我们在学习和生活中会出现各种问题。为此，当他们再唠叨时，我们可以站在父母的角度想一想，如果自己是父母，当孩子不听话时，自己又会怎么做呢？

事实上，体谅才是理解父母之爱的前提。科学研究表明，由于家庭和工作的双重压力，平时爱唠叨是家长们缓解压力的一种方式，也是父母对孩子爱的表示。这样有利于父母的身心健康。为了父母的健康，也要让父母知道，我们感受到了父母对我们的爱，我们何不多听听他们的唠叨呢？

第二招：交流互相理解最重要

当爸爸妈妈唠叨过多时，我们还可以提议组织一次"家庭座谈会"，让爸爸妈妈成为自己的"嘉宾"，把我们自己的真实感受表达出来，让爸爸妈妈"分享"自己的苦恼。只要我们和父母多沟通和多交流，我们和父母就能相互理解。那么，父母对我们的唠叨也自然而然地会减少。

第三招：巧用文字挡箭牌

准备一本"唠叨记录本"，用几个星期的时间将父母反复唠叨的内容、次数记录下来，然后在旁边注明自己已经做到了哪些，一段时间后把它拿给父母看，父母一定会被他们自己的"超级唠叨"吓一大跳！当他们知道他们已经说得"足够多"，而且我们已经做得"足够好"的时候，他们肯定会减少自己的唠叨次数。

这其实就是给我们的爸爸妈妈吃了一颗定心丸，让他们知道他们的宝贝在他们的唠叨下，已经越做越好了，那么，那些

反复唠叨的话就不必多次重复了。

第四招：适当进行"善意"的"欺骗"

面对父母不停唠叨的时候，千万别表现得不耐烦，那样会招致更多的唠叨。有时候，我们可以装出一副认真听的样子，然后再按着父母的意思表示赞许。这时，父母就会因为我们在"认真"听而知足、满意，这会让他们很有成就感。而我们要多想一想父母唠叨的内容，说得对的，我们一定要按照去做。

其实，再多想一想，我们就会明白，当父母不再对我们唠叨的时候，也就是父母一天天老去的时候。

所以，青少年朋友，从现在开始，当爸爸妈妈想要对我们说些什么，但是欲言又止的时候，别忘了给他们一个拥抱，告诉他们："我爱你们，也爱你们的唠叨！"也许，在未来的某一天，我们会离开家独自去求学或者工作，那时我们就会非常非常怀念有爸爸妈妈唠叨的日子了！

积极和父母进行情感沟通

青少年朋友，不知道你有没有发现，有时候，我们很容易对他人给予的小恩惠感激不尽，却对父母、亲人对我们的似海恩情熟视无睹，未曾感念过，那么，为什么会这样呢？

因为，作为父母的孩子，我们总是一味地要求父母对我们的爱，却忘记了我们也还应该爱自己的父母，应该孝顺自己的父母，才能算是一个懂事的阳光青少年。

一天，张彤彤跟妈妈吵架后什么都没带，只身往外跑。可是，走了一段路，她发现身上竟然一毛钱都没带！她走着肚子饿了，看到前面有个面摊，好想吃！可是她没钱，怎么办？这时，面摊老板问："同学，吃面吗？"

张彤彤不好意思地点了点头，然后慢慢地说道："可是我没有钱……"

面摊老板热心地说："没关系，反正你是这附近的，我请你吃顿饭也没什么呀！来，我下鸡蛋面给你吃！"

很快，老板端来面和一些小菜。张彤彤吃了几口掉下眼泪来。老板好奇地问："同学，你怎么了？"

张彤彤擦着泪水，对老板说道："我只是太感激了！你是陌生人都能对我这么好，而我自己的妈妈……"

老板听了，说道："这位同学，你想想看，我不过煮一碗面给你吃，你就这么感激我，那你自己的妈妈，煮了10多

年的面和饭给你吃，你怎么不感激她呢？你怎么还可以跟她吵架呢？"

彤彤一听，整个人愣住了！是呀，陌生人请吃一碗面，我都那么感激，而我妈一个人辛苦地养育我，也煮了10多年的面和饭给我吃，我怎么没有感激她呢？

匆匆吃完面后，张彤彤鼓起勇气，往家的方向走，她一边走一边想："是我错了，我一定要向妈妈道歉！"

在生活中，我们常常会因为一点小事情跟父母闹意见、和父母吵架，甚至有些人还离家出走，其实，之所以会造成这样的结果，都是因为我们没有主动和父母进行相关的情感沟通造成的。所以，当我们和父母发生矛盾的时候，我们应该主动与父母沟通，具体的方法有以下几种。

主动沟通，学会赞美

为了和父母建立良好的关系，我们可以将父母当作知心朋友，我们要克服封锁心理，主动与父母交心谈心，表达自己的意愿，让父母了解自己。

同时，我们还要学会赞美父母，这也会让父母意识到自己的不足，并请父母对自己的做法提出意见，并虚心接受。

尊重父母，态度温和

父母辛苦拉扯我们长大，是非常不容易的。在生活中，即使我们不同意父母的意见也不要顶撞，毕竟他们是长辈，经历的要比我们多。为此，当他们对我们训话时，我们应该端正好态度，用心倾听，不能一副无所谓的样子，更不要敷衍了事。

独立自主、让父母放心

随着我们一天天地长大，我们应该丢掉以往的公主、少爷脾气，自己学会独立，并经常关心父母，帮助他们做些家务，让父母觉得我们长大了，这样他们自然就不会过多地干涉我们的事。

换位思考，为父母着想

如果和父母发生了不同意见的争执，我们可以进行一下换位思考，试想如果自己是父母会怎样做？这样就容易理解父母的良苦用心。只有我们和父母之间建立起了良好的情感沟通，才能促进我们的学习和心理健康、家庭和谐，也才能让我们成为一个人人夸奖的阳光少年。

和父母相处要讲究技巧

青少年朋友，在生活中，你和父母相处得愉快吗？还记得小时候，你的父母是那么的相爱，父母是你的偶像，小时候的你与他们几乎是无话不谈吧？

但是，随着年龄的增长，进入青春期，我们与父母的关系发生了变化，出现了沟通上的困难。我们常常抱怨"父母越来越不理解我们"，而父母也在感叹"孩子越来越难管教"。

美国著名作家马克·吐温说过一句名言："当我7岁的时候，我觉得父亲是天底下最聪明的人；当我14岁的时候，我觉得父亲是最不讲理的人；当我21岁的时候，我忽然发现父亲还是比我聪明。"

很多青少年都会与父母产生不同程度的误解、分歧，甚至隔阂、矛盾与冲突。由此引发的问题也经常会影响我们的学习和生活，甚至可能影响我们以后的成长。

为此，作为青少年，我们必须建立起和父母间的良好关系，这样才能帮助我们更好地成长。

一般来说，我们与父母沟通困难的原因归纳为以下几个。

第一个原因是心理原因。是我们青春期的逆反心理在作祟。我们青少年的成人感、自我意识、独立意识不断增强，对于他人的观点，尤其是父母的观点不愿意原封不动地接受。

第二个原因是代沟问题。由于父母和我们是两代人，生活经历不同，所以在生活习惯和行为方式及思想观念上有很多不同之处，这也会影响我们与父母的沟通。

第三个原因是误会与矛盾。在生活中，父母与我们发生了矛盾，如果不及时有效地解决，长期下去就会严重影响我们与父母的沟通。

第四个原因是缺少沟通技巧。即使父母与我们之间都能够相互理解，但有时也会出现沟通困难的现象，原因就是缺少沟通的技巧和方法。

那么，我们作为青少年，应该怎么和自己的父母相处呢？

首先，我们要理解自己的父母，要理解父母的唠叨是对自己的关爱，严格要求是对自己的殷切希望，父母也有烦恼，也需要倾诉和安慰。其次，要尊重自己的父母，尊重父母的意见和建议，注意自己说话的语气和分寸；在与父母发生矛盾和冲突时，不回避、疏远和顶撞，要作出必要的让步和道歉；要尊重父母的个性，欣赏父母的优点。另外，在和自己的父母相处时，我们还有以下几个绝招。

第一招：主动交流

每天找一点时间，比如饭前或饭后，和父母主动谈谈自己的学校、老师和朋友，高兴的事或不高兴的事，与父母一起分享我们的喜怒哀乐。

第二招：创造机会

每周至少跟父母一起做一件事，如做饭、打球、逛街、看电视，边做事情边交流。

第三招：认真倾听

当我们被父母批评或责骂时，不要着急反驳，应平心静气地先听完父母的话，说不定我们会了解父母大发雷霆背后的真正原因呢！

第四招：主动道歉

如果我们做得不对，就不要逃避、不要沉默，对父母不理不睬，要主动向父母道歉，往往会得到父母的理解和原谅。

第五招：善于体谅

有时候，可能错不在我们，这时，即便我们有很大的委屈，也不要去争辩。也许此时，父母因为过于劳累或在工作生活中遇到了麻烦，才让我们受了委屈。我们可以换个时间和地点，再与父母沟通，会有意想不到的效果。

第六招：控制情绪

我们与父母相处得不愉快时，不要随意发脾气、顶嘴，避免不小心说出或做出伤害父母感情的事。想要动怒时，我们可以深呼吸、离开一会儿，或用凉水洗洗脸，让情绪稳定下来。

第七招：承担责任

在做好自己事情的同时，主动帮父母分担家庭的一些责任，比如洗碗、倒垃圾、擦窗等，趁机还可以跟父母聊聊天。

第八招：讨论问题，达成协议

我们应该学会遇事多与父母讨论，不妨在和家人聊天时问问父母，他们像自己这么大时，有些什么想法和愿望？他们的父母允许他们做什么，不允许他们做什么？……父母在回忆自己少年往事的时候，一般会很自豪，在不知不觉中放下家长的架子与我们敞开心扉。这时，他们更容易理解我们目前的经历和感受，认真考虑我们的要求，甚至向我们作出妥协和让步，并达成一定的协议。

第九招：关心问候，尊重孝敬

在家里，要主动关心问候父母。早上要向父母问好，晚上要向父母道晚安，父母外出或下班也要问候，过新年和节日，要向长辈问候和祝福。

听从父母的教诲。孝和顺总是相联系的，没有顺也就没有孝，孝敬长辈就应该听长辈的教诲，不要随意顶撞，有不同想法应和父母商量，要讲道理。此外也要关心父母健康。

当父母劳累时，我们应主动请父母休息；当父母生病时，要主动照顾，煎药，喂药，嘘寒问暖。多说宽慰话和随同就医，对父母的病痛要体贴入微，讲话态度、语调、方式都要亲切和蔼，尽可能在精神上消除父母的痛苦和不安。

此外，我们还应该理解长辈，俗话说："树老根多，人老话多。"父母年纪大，说话比较啰唆，有些事翻来覆去地要说好几遍，我们应该充分理解这种生理现象，而不应该厌烦嫌弃父母啰唆，不应该粗暴地打断父母的话，更不能对他们的唠叨不理不睬。

我们应该知道，无论如何父母都是自己最亲的人，他们所做的每一件事，都是为了我们能够生活、学习得更好。所以，在和他们相处时，我们应该尽量心平气和，学着去尊敬、理解他们。对我们青少年来说，只有和自己的父母搞好关系之后，我们才能和更多的人搞好关系，并因此成为一个真正的阳光少年！

珍惜父母的养育之恩

从呱呱坠地起，父母便无私地哺育着我们。在成长的岁月里，他们一直为我们扬帆护航，无论我们遭遇何种挫折、失败，他们一直在我们身后，给予我们理解与支持。无论我们是贫穷还是富贵，他们都深深地爱着我们，并告诉我们，在他们眼里我们是最棒的！

"谁言寸草心，报得三春晖。"感恩父母是我们中华民族的优良传统，是人性良知之本，也是青少年德育建设的重要内容。然而，当前许多青少年却缺乏感恩父母的意识，因此加强感恩教育刻不容缓。

有的青少年不知道或漠视父母对自己的付出和关爱，不感激父母的养育之恩；有的青少年只会一味地向父母索取，不懂得关心、体贴、回报父母，不会帮助父母做家务；有的青少年羞于表达自己对父母的爱；有的青少年对含辛茹苦的父母不礼貌，甚至顶撞父母；有的青少年更是做出忘恩负义、伤害父母的事。

在一家苹果产品销售店门前，一个女孩怀抱一台iPad（平板电脑），一脸愠色。而不远处，一名中年女子蹲在墙角，手捏纸巾，低头不时地抽泣。

据销售人员说，这个女孩即将去外地上大学，今天特意过来买数码产品："她上来就要买iPhone4、iPad3和MacBook这'苹果三件套'，而且都得是高配，超过2万元的支出让母亲觉得有些吃不消。"

我们身后，给予我们理解与支持。无论我们是贫穷还是富贵，他们都深深地爱着我们，并告诉我们，在他们眼里我们是最棒的！

"谁言寸草心，报得三春晖。"感恩父母是我们中华民族的优良传统，是人性良知之本，也是青少年德育建设的重要内容。然而，当前许多青少年却缺乏感恩父母的意识，因此加强感恩教育刻不容缓。

有的青少年不知道或漠视父母对自己的付出和关爱，不感激父母的养育之恩；有的青少年只会一味地向父母索取，不懂得关心、体贴、回报父母，不会帮助父母做家务；有的青少年羞于表达自己对父母的爱；有的青少年对含辛茹苦的父母不礼貌，甚至顶撞父母；有的青少年更是做出忘恩负义、伤害父母的事。

在一家苹果产品销售店门前，一个女孩怀抱一台iPad（平板电脑），一脸愠色。而不远处，一名中年女子蹲在墙角，手捏纸巾，低头不时地抽泣。

据销售人员说，这个女孩即将去外地上大学，今天特意过来买数码产品："她上来就要买iPhone4、iPad3和MacBook这'苹果三件套'，而且都得是高配，超过2万元的支出让母亲觉得有些吃不消。"

刚说完这些，女孩就大喊一声："不给我买，就让我到大学丢脸去吧！"说完便扔下母亲，扬长而去。

其实，我们青少年常常犯这样的错误，那就是对别人给予的小恩小惠感激不尽，却对亲人的恩情视而不见。父母无微不至的呵护与关爱，让我们在潜意识里就形成了这样的观念：父母为我们所做的一切都是应该的，不用回报，因此我们也就不懂得爱父母。

所以说我们青少年应该在父母忙的时候帮着干点家务，在他们累的时候为他们捶捶背，做些力所能及的事。我们要从平常的生活小事中感觉到父母的爱，也要学会爱父母。

实际上，很多人其实很爱父母的，只不过有时会装出一副不是很爱父母的样子，原因是他们不好意思表达出来，常常话到嘴边，却因为种种原因而无法表达出来。

其实，爱是需要表达出来的，当我们这样我们会拥有不一样的满足感，父母也会有不一样的幸福感，所以勇敢地表达我们的爱吧！

心存感恩收获更多

青少年朋友，当灾难降临时，怨天尤人是于事无补的，只有从不幸中找寻到快乐，学会感恩生活，我们才能快乐一生。

其实快乐就是一种心态。生活就像一面镜子，你对它微笑，它也对你微笑；你对它哭泣，它也对你哭泣。懂得感恩的人，会是一个快乐的人，有一个好心态，才会有更多的收获。

有一则经典的笑话：

> 有一根木棍落在一个人的头上，把他的头打破了。他捡起木棍，看到另一面有钉子，心里暗自庆幸："我很幸运，有钉子的一面没有落在我的头上。"

　　生活中，有爱人的心，学会去爱人，才会懂得珍惜，才会快乐。我们仔细观察一下，就会发现生活中总有值得去爱的东西，不要责怪现实给予我们太少，而要看看自己在现实中是否太冷漠了，忘记了去寻找生活中应有的快乐，忘记了感恩。人之所以不开心，原因也就在于此。

　　英国一位作家说过："生活就是一面镜子，你笑，它也笑；你哭，它也哭。"送人玫瑰，手有余香。在生活中，我们都需要感恩。如果总是怨天尤人，最终可能一无所有。

　　常怀感恩之心，就是对世间所有人、所有事物给予自己的帮助表示感激，并铭记在心。只要我们常怀感恩之心，相信会有所收获。

　　一对夫妻很幸运地订到了火车票，上车后却发现有一位女士坐在他们的位子上。先生示意太太坐在她旁边的位子上，没有请那位女士让座。太太坐定后仔细一看，发现那位女士右脚有点不方便，才了解先生为何不请她起来，他就这样一直站到终点站。

　　下了车之后，心疼先生的太太就说："让位是善行，可是从起点到终点那么久的时间，中途大可请她把位子还给你，换你坐一下。"

　　先生却说："人家不方便一辈子，我们就不方便这三小时而已。"

　　太太听了相当感动，觉得世界都变得美丽了许多。

　　"人家不方便一辈子，我们就不方便这三小时而已。"多坦荡大气、慈悲善美的一句话。"善良",多么单纯有力的一个词语,浅显易懂,它与人终生相伴,但愿我们能常追问它、善用它。

　　有一位单身女子刚搬了家,她发现隔壁住了一户穷人家:一个寡妇与两个小孩子。有一天晚上,忽然停了电,那位女子只好自己点起了蜡烛。没一会儿,忽然听到有人敲门。

　　原来是隔壁邻居的小孩子,只见他紧张地问:"阿姨,请问你家有蜡烛吗?"

　　女子心想:他们家竟穷到连蜡烛都没有吗?千万别借给他们,免得被他们赖上了!于是,她对孩子说:"没有!"

　　正当她准备关上门时,那个小孩露出关爱的笑容说:"我就知道你家一定没有!"说完,竟从怀里拿出两根蜡烛。他笑着说:"妈妈和我怕你一个人住又没有蜡烛,所以让我带两根来送给你。"

我们青少年应该常存感恩的心,这会减少一些抱怨牢骚、烦恼仇恨,我们的心胸也会变得宽广起来。感恩之心,是一种美好的情感,是生活幸福的催化剂,是学习成功的原动力,是一个人走向成功的重要因素。

　　感恩是积极向上的思考和谦卑的态度,是自发性的行为。当一个人懂得感恩时,便会将感恩化作一种充满爱意的行动,实践于生活中。感恩不是简单的报恩,它是一种追求阳光人生的精神境界!感恩是一种处世哲学,是一种生活智慧,感恩更是成就阳光人生的起点。

感恩之心是至真至纯的芬芳美酒。常怀感恩之心，无论你是贫穷还是富有，无论你处于顺境还是逆境，无论你是成功还是失败。

当你口渴时，爸爸给你递上一杯水，你是否感谢过他呢？当你烦恼时，向妈妈倾诉自己的苦恼，妈妈耐心地听完并开导你，你又是否感激过她呢？常怀感恩的心，能够更好地感受关怀与帮助，摆脱烦恼和痛苦，从而快乐地生活。

一位作家曾说过：我们满怀感恩之情，不仅仅是索取，而且要给予，用给予来表达我们的感激之情。只要我们付出了，就会有收获。给予和收获的规律就是这么简单：要想获得快乐，就必须给予快乐；要想获得爱，就必须给予爱；要想获取财富，就必须给予财富。

只有懂得感恩，内心才会更充实，头脑才会更理智，眼界才会更开阔，人生才会赢得更多的幸福。懂得感恩的人，是勤奋而有良知的人，懂得感恩的人，是聪明而有作为的人。

　　只要我们常怀感恩之心，人生中没有什么不幸会让人永久地沉浸在痛苦的海洋里。所以在现实生活中，要常怀一颗感恩之心，让宽容与我们同行。我们应该乐观地对待生命，宽容地善待一切。对我们周围的朋友、同学，说声"谢谢"，会让他们感到快乐；对我们熟悉的人说声"谢谢"，会让他感到付出得到了肯定；对陌生人说声"谢谢"，会拉近彼此之间的距离。

　　只要我们能正视困难，化困难为力量，成功后蓦然回首，我们就会感谢困苦，感谢贫穷！因为它们才是我们的恩人。常怀感恩之心，能让自己的心情更加舒畅；常怀感恩之心，能让我们摆脱贫穷与痛苦；常怀感恩之心，就会发现，原来一切都那么美好。

　　我们要懂得感恩，懂得以平等的眼光看待每一个生命，看待我们身边的每个人，懂得尊重每一次平凡普通的劳动，懂得以一种宽宏的心态积极勇敢地面对人生。

　　感恩是一种美好的感情，是一种健康的心态，是一种良知，是一种动力。永怀感恩之心，常表感激之情，原谅那些伤害过自己的人，人生就会充实而快乐。感恩父母的养育，感恩大自然的恩赐，感恩食之香甜，感恩衣之温暖，感恩花草鱼虫，感恩苦难逆境，感恩自己的对手，心存感恩，知足惜福。

　　有了感恩的心，即使我们遭受挫折，碰到一些无法逾越的障碍，也不会怨恨失望，更不会自暴自弃。同时，我们只要有感恩的心，就能放开自己的胸怀去宽容待人。

　　总之，心存感恩的人，能收获更多的幸福和快乐，能变得愉快而又健康。

第四章　锻炼自立的能力

　　培养自立能力，能够不断地完善自己，增强自信，提高自身生存能力；培养自立能力，能够逐步学会理解和尊重他人，与他人和谐相处；培养自立能力，还能使自己积极地融入社会，奉献社会，成为一个对他人负责、对社会负责的自立自强的人。

　　培养自立能力，能够逐步减轻父母的负担，使自己真正成长为一个对家庭、对国家有用的人才。

走出父母的庇护

如今的许多孩子，成了父母的宝贝，衣来伸手，饭来张口，父母生怕孩子累着、吓着。久而久之，孩子养成了依赖心理，如果缺少帮助甚至连最简单的事情都不能完成。

曾经有一个笑话，说是有这样一位同学，在新学期开学第一天，妈妈给他煮了两个鸡蛋让他带到学校吃。可是当他放学回到家时，他却把鸡蛋原封不动地带了回来。妈妈问他不饿吗，他却回答说："鸡蛋上没有裂缝，怎么剥啊？"

连鸡蛋都不知道怎么剥皮，真够可悲的！这样的人也许在现实中并不存在，但是，像这位同学那样只会依赖的人，实在不是少数。我们自己是不是也有类似的依赖心理呢？

你的衣服是自己洗还是让父母洗呢？你给自己做过饭吗？你自己买过衣服吗？你抄过同学的作业吗？……其实，这些都是依赖心理的表现。

依赖是慢性毒药，它渐渐吞噬有这种心理的人，会把他们的自立能力渐渐挖空，他们的生命大厦也会倒塌。不论是生活还是学习，依赖永远是致命的缺点。所以要告别依赖。

青少年朋友，让我们一起来看一个告别依赖的故事吧。

　　每一个孩子在家中都是衣来伸手、饭来张口。我当然也不例外。记得有一回我放学回家，在路上我高兴地对同学说："今天我家包饺子吃，我可以大饱口福了！"

　　我高兴地回到了家，到家后我看见爸爸妈妈还没有回来，家中又没有电话。于是我就坐在客厅里边看电视，边等着爸爸妈妈回来给我做饺子。

　　可是我等了一中午，爸爸妈妈也没有回来，我只好空着肚子去上学。到学校后，同学听说我没有吃饭，问我为什么不自己做，我说自己不会做。

　　同学严肃地批评我说："你已经不小了，什么事都要自己做，不要依赖别人，等你长大了，你妈妈爸爸老了，还要你照顾他们，那你怎么办？要知道生活是自己创造的，如果你从小就不会去创造生活，你长大后怎么办？"

　　听了同学的话，下午放学回家时，我看见爸爸妈妈还没有回家，便自己做起饭来。我先洗菜，后切菜，然后炒菜，等我做好饭时，爸爸妈妈刚好下班回家。

　　爸爸妈妈尝着我做的

菜，脸上露出幸福的微笑。

爸爸："你太棒了！今天怎么这么能干？"

我笑着回答说："我今后也一样会很能干，因为我懂得生活是自己创造的，我从今以后再也不依赖你们了，我要告别依赖，创造生活！"

告别依赖，就是为自己的人生路甩开一块绊脚石；告别依赖就是为自己增加一份成熟；告别依赖，就是为自己的生活多一份精彩。故事中的"我"告别了依赖父母做饭的习惯，因此感到了幸福，也让父母感到了儿女自立的快乐。

如今，日益激烈的社会竞争，要求一个人从幼年时就应当具备基本的生活和生存能力，具备最基本的面对问题、解决问题的素质。只有从小时候就培养这样的素质，才能以最快的速度适应社会，才能以最快的速度迈向卓越。相反，如果青少年事事都依赖他人，不懂得自立，就会被社会所淘汰。

纵观古今中外，凡是有成就的人都有一个共同的特点，那就是凡事依靠自己。叱咤风云的拿破仑就曾经说过："人多不足以依赖，要生存只有靠自己。"

依赖，就如同一杯酸性溶液，它会腐蚀挑战者那勇敢的心灵，使他变得畏缩，不再具有激昂的斗志。

看看我们自己吧，总是依赖父母，如同温室中的花朵，从未经历过风吹雨打。犯了错误，总是有父母那宽大的肩膀为我们挡风遮雨，甚至有人把父母比作一堵结实高大的墙。

可是，我们要清楚，墙也有破残倒塌的一天。鸟儿长大了，就应该学会在碧蓝的天空中展翅翱翔；人长大了，就应该学会在坎坷的道路中面对挫折前行。只有靠拼搏，只有靠锻炼，我们才能真正自立成长。

纵观这个社会，如果你想成为佼佼者，不但要学会自立生活，还要学会自主学习。有些同学觉得作业多，学习压力大，遇到难题不加思考，立马放弃，说是"浪费时间"，这样的做法就是所谓的"节约间"吗？

有的同学总想着"老师会讲，不必自己做"。这样对老师百般依赖，在考试中还怎么自己答题呢？自立地学习，会使你找到知识殿堂的金钥匙，当你打开它，那便是一片金碧辉煌。

挪威著名剧作家易卜生曾经说过："世界上最坚强的人就是独立的人。"这无疑说明了人要学会自立，更要懂得自立。是的，因为自立的人才会有所作为。因为总有一天，许多事情都要自己解决，自己面对。我们不能事事都依赖他人。

自立是对一个人的起码要求，如果有谁做不到，他就不能得到别人的尊重，甚至得不到家里亲人的尊重。社会中有一种人，祖上创下的家业，他拿来吃喝玩乐，结果败得精光，就像寄生虫一样。

这种人是受人鄙视的，人们给他们冠以"败家子"的称谓，把他们作为坏典型来教育孩子。

当然，人生在世，父母、夫妻、儿女、亲戚朋友、同学同事等各种人际关系，彼此之间也会或多或少地互相依靠。

自立也不等于绝对不靠他人，尤其是遇上个人力所不及的困难时，依靠群体帮助来渡过难关，是很正常的事。而且这种互相帮助也是增进亲情、增进友谊所不可缺少的。不过，要有个尺度，就是："靠人更须靠己。"

做一个独立自强的人，首先得靠自己努力，要自力更生，这也是做人的骨气，然后才考虑接受别人的帮助。

虽然说父母养育儿女是天经地义的事，但是如果儿女已经长大成人，却不思自立，仍长期依赖父母，就不可原谅了。这种人其实跟上面说的"败家子"之流差不了多少，应该感到羞愧才对。

青少年朋友，我们应该非常清楚，父母是不可能养你一辈子的。离开父母，想再靠别人就难了。归根到底，如果不想去做乞丐，还是及早学好本领，自立自强，让父母放心！

　　如果你还是那温室中的小花朵，就请你走出温室，去挑战疾风骤雨；

　　如果你还是那畏畏缩缩的幼鹰，就请你张开翅膀，勇敢地挑战蓝天；

　　如果你还是离不开长辈庇护的孩童，那就请你告别种种依赖，走向自立的人生。

亲爱的青少年朋友，从现在开始尽情地飞翔吧！见证自己，培养自理自立的能力，翱翔于蓝天，搏击于风浪，那才是我们健康成

长的天空！"少年强则国强"，让我们以自立的英姿去迎接希望的曙
光吧！

提高社会适应能力

　　社会适应能力是指青少年为了更好地在社会中生存，进行心理
上、生理上及行为上的各种适应性改变，目的是达到与社会的和谐。

　　我们每个人生活在大千世界里，总会有与自己性格、观点相冲突
的事物，但个人毕竟是社会的一分子，所以要学会适应社会发展的主
旋律，这样才有机会让自己人生的小旋律与社会合拍，也才能奏响属
于自己的华美乐章。

可是，很多青少年由于父母过分宠爱，失去了很多与同龄人接触的机会。有些青少年得不到锻炼而变得胆小，以自我为中心，不懂得友爱，不善于合作，缺乏必要的责任感与公德意识。所以，青少年要敢于走向社会，走向人群，锻炼自立的能力。

青少年朋友，让我们先来看一个小幽默吧。

有一位呆秀才下乡，一条水沟挡住了去路。他取出书来，仔细翻看，却怎么也找不到如何过沟的答案。

一位农夫告诉他，不用翻书，跳过去就行了。秀才听了他的话，双脚用力一蹬，往上一跳，竟然"扑通"一声掉落到水中。

那个农夫看到秀才狼狈的样子，感觉非常可笑。赶紧上前解释说，不是那么个跳法。说罢，单脚起跳，一跃而过。

秀才看了埋怨说："单脚起步为跃，双脚起步为跳，你该说跃，不该说跳。"

有一次，秀才去买柴。他对卖柴的人说："荷薪者过来！"卖柴的人不知道"荷薪者"就是"卖柴的"，但是听懂了"过来"两个字。于是把柴担到秀才面前。

秀才问他："其价如何？"卖柴的人不太懂这句话的意思，但是听得懂"价"这个字。于是就告诉秀才价钱。

秀才接着说："外实而内虚，烟多而焰少，请损之。"意思是说，你的木材外表是干的，里头却是湿的，燃烧起来，会浓烟多而火焰小，请减些价钱吧！

这次，卖柴的人再也听不懂秀才说的话，于是，担着柴就走了。秀才最终也没有买到柴。

呆秀才真的是呆秀才，只会死抠书本，完全没有社会适应能力，吃亏也是在所难免了，更糟糕的是连买东西都买不来，恐怕这样下去，连生存都是个问题。

也许现实社会根本不存在和秀才一模一样的人，但是，的确存在着一些像秀才那样，不能适应社会、不能适应环境的人。"物竞天择，适者生存"，地球上数以亿计的生物，经过漫长的岁月的淘洗、筛选，大量不适应环境变化的销声匿迹了。所以说，适应是保存、发展自己的基础。

一个人相对于一个组织，一个部门乃至一个国家，就好像一颗螺丝钉相对于一台机器，我们只有改变自己，完善自己，使自己这个螺丝钉最大限度地适应社会这台机器的需要，以获得更大的生存空间、发展空间。

比尔·盖茨曾经说过："生活是不公平的，要去适应它。"小时

候，我们一直是在父母的呵护下生活，根本不需要考虑其他，每天只需开心就好。

进入学校后，我们要学习，要做功课，这就是生活，我们要学会适应它。到了初中，我们每天想的不单单只有学习，我们想的又多了许多，每天的烦恼也增加了许多，但我们要学会适应它，因为这也是生活。

大地面对苍穹，一年四季、春夏秋冬，时而风、时而雨、时而炎热、时而寒冷，它机智地随着节气的变化，演示着不同时期的风情，因为大地学会了适应。

众生面对现实社会的变迁、环境的变化，最理智的抉择就是学会适应。人类也只有在适应中才能得到发展，才能前进。历史告诉我们：适者生存。

鱼儿被海浪送到沙滩上，有些鱼儿一动不动，有些鱼儿奋力挣扎，无功而死，对它们来说，这里是通向地狱的大门，而有些鱼儿努力适应新环境，长出了肺，学会了爬行，对它们来说，这里便是通向另一个多彩世界的大门。适应，是生存的一种方式。

人生如戏，就看唱主角的你如何入戏。学会适应社会是入戏的第一步，唯有学会适应，方能不断强大自己，方能怀有热血沸腾的激情去点燃梦想的火种。

学会适应社会是品味美好人生的需要，唯有学会适应，方能以良好的心态从容面对各种突发变故，以恬静的良好心态品味造物主给我们带来的苦与乐。

适应是一种放弃，放弃固有的行为习惯，得到了新的生存模式；适应是一种接受，是有辨别、有选择地接受，并不意味着麻木地跟随与违心地屈从；适应是一种学习，是在现实中，不断变化的环境中更新自我，完善自我，求得生存；适应又是一种痛，那痛的过程正是适应的过程。整个适应的过程就是放弃的过程，也是发展的过程。

适应，使环境不再是生活的束缚，让生命与生活完美结合；生活使生命不再是固定的底片，而是不断变换的片段。

适应，是生存的一种方式，是面对变化的态度。不是无动于衷，不是怨天尤人，不是冲动莽撞，是用积极的态度、智慧，去适应，去开创。

适应，是快乐的一种方式，既然无法改变现实，那不如调整自身去适应，融入新的环境。贝多芬不幸失去了听觉，再不能感受到指尖流出的旋律，他是何等的愤恨，可他依然没有停下创作的脚步，相信无论遭受多大的痛苦，当他用心灵感受音律的时候，他是快乐的、幸福的。

适应是成功的一条捷径。或许面对生活中的选择，每个人都迷惑过、彷徨过，选择这个动作并不难，难的是适应所选的道路、所选的生活。

学会适应，抛掉无奈和迷茫，新的生活要靠双手去开拓；学会适应，学着在开拓中寻找快乐，用积极的态度营造快乐的生活；学会适应，伴着快乐奔向成功，踏着自己选择的路，无悔地拼搏。

"人生一世，草木一秋。"短暂的人生岁月，我们没有时间去抱怨，我们需要适应，更需要在适应中乘风破浪，坚定地前行。

适应既是时代发展的必然要求，又是一个人成功的必然过程。人类每一时、每一刻都在适应，只有适应，人类的生存才会充满活力；只有适应，人类的潜能才能充分发挥；只有适应，生命才会无限延续。

"石匠调石，智者调心。"积极地调整心态，自觉适应，执着适应，并不是随波逐流，更不是世故与圆滑。"适者生存"，适应是为了更好地生存，人也只有不断去适应才能前进，才能发展创新。

适应就要让自立自强的精神在我们的脑海中生根发芽。自立自强会让人勇敢面对各种困难挫折，在逆境中崛起，在顺境中扬鞭奋发；自立自强会让人主动迎接挑战，以昂扬的精神从容不迫地去迎接每一天新的太阳。

适应就要让积极的人生理念占据我们的心灵。积极的人生理念会让我们波澜不惊，在苦难中享受人生，在平凡中发掘快乐，在快乐中升华快乐，在沉着、稳重中书写美好韶华。

当然，适应并不是盲目的。我们要适度适应，不必处处适应。这

里所说的适应有个前提，是适应不能改变的客观条件，能改变的就不必都适应。

适应是种生活态度，我们要学会适应不能改变的，才能为我们的生存与发展留出空间。亲爱的青少年朋友，做一个聪明的人，学会适应不能改变的吧！

做人做事要有主见

青少年朋友，我们做人要有主见，要知道自己该干什么，不该干什么；什么是你需要干的，什么是不需要干的。无论任何时候都应该有自己的思想，不要因为别人的意见或说法而动摇。

一个有主见的人，能够做到做事有明确的目标，做人有原则。只有做事有明确的目标，才能够明白自己在做什么，要取得什么样的结果，要达到什么样的目标；做人要有原则，就是要知道哪些事可为、哪些事不可为。

青少年朋友们，让我们来看一个小姑娘的故事吧。

玛格丽特5岁生日那天，父亲把她叫到跟前，语重心长地说："孩子，你要记住，遇到事情要有自己的主见，用自己的大脑来判断事物的是非，千万不要别人说什么你就做什么啊！这是爸爸赠给你的人生箴言，是爸爸给你的最重要的生日礼物！"

从此，父亲着意把女儿培养成一个坚强独立的孩子，下定决心要塑造她"严谨、准确、注重细节、对正确与错误严格区分"的独立人格。有了父亲这样一个"人生导师"，玛格丽特坚实地成长着。

玛格丽特入学后，她才惊讶地发现她的同学有着比自己更为自由和丰富的生活，劳动、学习和礼拜之外的天地竟然如此广阔和多彩。他们一起在街上游玩，一起做游戏、骑自行车。

星期天，他们又去春意盎然的山坡上野餐，一切都是那么诱人。幼小的玛格丽特心里痒痒，她幻想能有机会与同学们自由自在地玩耍。有一天，她回家鼓起勇气跟充满威严感的父亲说："爸爸，我也想去玩。"

父亲脸色一沉，说："你必须有自己的主见！不能因为你的朋友在做某件事情，你就也得去。你要自己决定你该怎么办，不要随波逐流。"

见孩子不说话，父亲缓和了语气，继续劝导玛格丽特："孩子，不是爸爸限制你的自由。而是你应该要有自己的判断力，有自己的思想。

现在是你学习知识的大好时光，如果你想和一般人一样，沉迷于游乐，那样一定会一事无成。我相信你有自己的判断力，你自己做决定吧！"

听罢父亲的话，小玛格丽特再也不吱声了。父亲的一席话深深地印在了她的脑海里，她想："是啊，为什么我要学别人呢？我有很多自己的事要做呢，刚买回来的书我还没看呢！"

父亲经常这样教育玛格丽特，要有自己的主见和理想，特立独行、与众不同最能显示一个人的个性，随波逐流只能使个性的光辉淹没在芸芸众生之中。

大家知道，这个叫玛格丽特的小姑娘是谁吗？她就是著名的政治家撒切尔夫人，一个出身平民的女子，英国历史上第一位女首相，而且连续三次当选。

撒切尔夫人在重大国际、国内问题上，思路清晰，观点鲜明，立场强硬，做事果断，在相当长的一段时间里影响了整个英国乃至欧洲，被誉为欧洲政坛上的"铁娘子"。撒切尔夫人的政治才能，是与她具有主见的性格分不开的。

做一个有主见的人吧！每一个成熟的人，遇事都会有自己的主见，都会先把自己分析得很透彻。而没有主见的人，仿佛墙头草，风吹两边倒，随波逐流，极易迷失方向。有主见的人，恰似山中松柏，咬定青山不放松，任你东西南北风，我自岿然不动。

可是，在我们身边常发生这样的事，有些人看到别人有精美的手机或漂亮的衣裳，就想去买。别人买什么，自己也买什么；别人干什么，自己也干什么，毫无自己的主见，这是不值得我们学习的。相反，我们要引以为戒，告诫自己不要有这样的习惯和毛病。

　　人要有主见，尤其是我们青少年朋友，在以后不管做什么事情，都要学会自己支配自己，不要让别人牵着你的鼻子走。如果失去了主见，就会像那拉磨的驴一样，只知道绕着石磨不停地转，只能受别人的支配。我们是人，是有思想、有灵魂的人，而不是那只会照着人的驱使才劳动的动物。假如没有自己的主见，那跟动物又有什么区别呢？

　　在人生旅途中，我们总会遇到许多的人，而这些人总会有不同的看法，这就要求我们去辨别真伪，坚持自己的想法，不断跟着自己的脚步去实现自己的理想。因此，我们做事要有主见。

　　做事有主见，助我们迈出成功的第一步。有主见的人，从来都清楚自己想要做什么，从而为自己制订出下一步的计划。

　　正因为有主见，勾践才能在被俘之后，仍能自强不息，卧薪尝胆，最终成就自己的一番霸业；正因为有主见，所以李嘉诚能从一个小学徒成为一代富豪；正因为有主见，盖茨才能在短短的几年里成为亿万富翁。有自己想法的人，才有动力去实现自己的梦想。

　　为人处世要有主见，是众所周知的道理。但真能做到事事均有自己的主见，却非易事。

　　一个人对自己的能力缺乏自信，或对某些方面处于无知时，便很难有自己的主见，并且很容易被他人之见所左右。他人的高明之见，可以为你开启心智，让你行之受益，古今听从他人之见成其大事者不乏其人。然而如果他人之见只是不负责任地乱参谋、瞎建议，或是糊涂之见，其效果就会相反。我们不妨来看看大师、巨匠的例子。

　　英国科学家达尔文，自幼便对科学具有浓厚的兴趣，但是他的父亲和老师却认为他是一个很平庸的孩子，智力远在普通的孩子以下。

后来，达尔文的父亲不顾达尔文的争论和反对，硬是将他送到爱丁堡大学学医。达尔文对医学不感兴趣，而对博物学、矿物学、昆虫学等方面的课程和书籍十分入迷。

父亲知道了达尔文在爱丁堡大学的情况后，认为儿子在学校里"游手好闲""荒废学业"，又将他送到剑桥大学去学神学。

达尔文在自己的爱好和追求无法得到父亲的理解，并受到粗暴干涉的情况下，仍大胆地冲破神学教育的束缚，坚持自学自然科学，最终成为博物学家、生物学家和进化论的伟大奠基人。假如达尔文当初听从他人之见，放弃自己的追求，他只能是一名医生或是牧师。

人生之路不可重走，但却可以回顾。有了一段人生经历之后，回首所走过的路程，检点得失，总结教训，使我们在未来的人生旅途中少走弯路。

人言可畏，人言更需要鉴别。做人、做事都要充分相信自己，不要因为别人的议论而轻易怀疑自己、否定自己，别人的意见只能作为参考，别人的话都听，我们将无所适从。

青少年朋友，虽然为了自己辉煌的人生需要奋斗，为了生活幸福应该进取，趁年轻时在大潮中去闯一下、拼一番、搏一回，这无可厚非；但是做什么事，都要有自己的见解，应该量才而行、量财而行、量力而行，也就是说要实事求是。

有无主见的人是大不一样的，有主见的人，就会用头脑去冷静地思考眼下旋过的风、前面涌来的潮、身旁升起的热；有主见的人，就会理智地综合自己的智慧、衡量自己的才华、应用自己的财力，最大限度地利用自身的诸多条件；有主见的人，更会全身心地投入，严密周到地行动，不会为眼前身边不停地掀起的热潮急风所诱惑、所分心，而乱了阵脚。

做人难，做有主见有主张的人更难。人们发出这种感叹可以理解。但我们不能因其难而不去做，更不能因其难而轻易放弃自己做人的主见和做人的原则。

人有主见犹如翱翔广阔天际的飞机有罗盘，犹如纵横四海劈波斩浪的巨轮有舵手。因此只有知难而进、迎难而上的人，才可以引领时尚潮流，才可以引领自己的人生走向辉煌。

青少年朋友，做人多一点主见，就多一份自信，也多一份成功。渴望成功的人，请多一点自信，多一点主见吧！

学会与他人合作

我们任何人在这个世界上都不是孤立存在的，都要和周围的人发生各种各样的关系。你是学生，就要和同学一起学习，一起游戏，共同完成学业；你是工人，就要和同事一起做工，共同完成工厂的生产任务；你是军人，就要和战友一起生活，一起训练，共同保卫我们的祖国……总之，不论你从事什么职业，也不论你在何时何地，都离不开与别人的合作。

那么，青少年朋友，你知道什么是合作吗？合作，顾名思义，就是互相配合，共同把事情做好。世界上有许多事情，只有通过人与人之间的相互合作才能完成。一个人学会了与别人合作，也就获得了打开成功之门的钥匙。所以，人们常说：小合作有小成就，大合作有大成就，不合作就很难有什么成就。这是非常宝贵的人生道理，所以，我们应该牢牢记住。

亲爱的青少年朋友，现在，让我们一起来看个小故事吧。

一位外国的教育家邀请中国的几个小学生做了一个小实验。一个小口瓶里，放着7个穿线的彩球，线的一端露出瓶子。这只瓶子代表一幢房子，彩球代表屋里的人。

房子突然起火了，只有在规定的时间内逃出来的人才有可能生存。他请学生各拉一根线，听到哨声便以最快的速度将球从瓶中提出。

实验即将开始，所有的目光都集中在瓶口上。哨声响了，7个孩子一个接着一个，依次从瓶子里取出了自己的彩球，总共才用了3秒钟！在场的人情不自禁地鼓起掌来。

这位外国专家连声说："真了不起！真了不起！我在许

多地方做过这个实验，从未成功，至多逃出一两个人，多数
情况是几个彩球同时卡在了瓶口。我从你们身上看到了一种
可贵的合作精神。"

合作精神是可贵的！在我们的生活中，一个人的力量是很有限
的，正所谓"孤掌难鸣"。所以，要想做事成功，我们就要主动与人
合作。

合作是团结而又美好的，是没有硝烟的。大雁整齐的飞翔告诉我
们要团结协作。蚂蚁齐心协力的生活告诉我们一人力量小，百人力量
大，团结合作就是力量。

"人"字的结构，就是互相支撑。就是说一个由相互联系、相互
制约的若干部分组成的整体，经过优化设计后，它的整体功能能够大
于部分之和，产生1+1>2的效果。

在现实生活中，人是离不开人与人之间合作与相处的。人也无法
离群索居，一生要与形形色色的人合作、相处，你只要懂得如何与大
家和谐合作与相处，生活就像春天般明媚、秋天般殷实，采撷到的是
一串笑意盈盈的果实，反之，则收获到的是伤痕累累的遗憾。

合作，我们从多方面来看，都是一种力量的象征。

从语文上说：合作就是字与字组成的词，字与词组成的句。

从数学上讲：合作就是点点聚成的圆。

从英语角度看：合作就是字母拼凑的单词。

从物理角度说：合作是让杠杆的动力臂大于阻力臂的智慧。

从化学角度想：合作就是物质与物质产生的化学反应。

从政治角度讲：合作就是人民相互配合产生的集体力量。

从历史角度看：合作就是前人智慧凝结的万里长城。

从地理上说：合作就是经纬线相交而形成的地理位置。

从生物角度上说：合作就是团结一心，保护领土不被侵犯。

从古至今，一个国家或民族的成功，往往离不开国家之间的合作。

试想，战国时期如果没有六国合纵之计，它们又如何能抵御住秦国的攻打？三国时如果没有孙刘两家的联手合作，又怎么能有赤壁打败曹操八十万大军的辉煌战绩？如果没有协约国间的紧密合作，又如何能打败同盟国，赢得第一次世界大战的胜利？如果没有反法西斯国家的统一战线、紧密合作，又如何能击破法西斯侵吞世界的野心？

这些成功，都是建立在国家间合作的基础之上。由此可见，合作是成功的基石，没有合作就没有成功。

人与人之间，既是一个独立的个体，又是一个密不可分的群体。一个人如果完全脱离社会，那他根本就不可能生存下去。懂得他人的重要性，危机来临时，更要善于与他人合作，才能更快地摆脱危机。

一个人纵然能力再大也总是有限的，再大的本领也需要别人的合作和支持。常言道："生意好做，伙计难处。"合作的前提基础，就是彼此之间互相信任、互相支持、互相理解、互相帮助、互相服务。

"一个篱笆三个桩，一个好汉三个帮。"哲学家威廉·詹姆士曾经说过："如果你能够使别人乐意和你合作，不论做任何事情，你都可以无往而不胜。"合作是一种能力，更是一种艺术。唯有主动与人合作，才能获得更大的力量，争取更大的成功。

随着社会的发展，人与人之间交往日益频繁，既存在着激烈的竞争，又有着广泛的联系与合作。一个缺乏合作精神的人，不仅事业上难有建树，很难适应时代发展的需要，也难在激烈的竞争中立于不败之地。

越是现代社会，孤家寡人、单枪匹马越难取得成功，越需要团结协作，形成合力。从某种意义上讲，帮别人就是帮自己，合则共存，分则俱损。

那么，怎样才能卓有成效地合作呢？你一定在音乐厅或电视里看到过交响乐团的演奏吧，这可算得上是人与人合作的典范了。你瞧，指挥家轻轻一扬手里的指挥棒，悠扬的乐曲便从乐师的嘴唇边、指缝里倾泻出来，流向天宇，也流进人们的心田。

是什么力量使上百位乐师，数十种不同的乐器合作得这样完美和谐？这主要依靠高度统一的团体目标和为了实现这个目标每个人必须具有的协作精神。

如果你不具备别人所具有的天赋，而别人又缺少你所具有的才能，通过合作便弥补了这种缺陷。因此，请别抱怨上帝的不公，只要合作我们完全可以取长补短。

成功的合作不仅要有统一的目标，要尽力做好分内的事情，而且还要心中想着别人，心中想着集体，有自我牺牲的精神。

每当秋季来临的时候，在天空中我们可以看到成群结队南飞的大雁。雁群是由许多有着共同目标的大雁组成，在组织中，它们有明确的分工合作，当队伍中途飞累了停下休息时，

它们中有负责觅食、照顾年幼或老龄的青壮派大雁，有负责雁群安全放哨的大雁，有负责安静休息、调整体力的领头雁。

在雁群进食的时候，巡视放哨的大雁一旦发现有敌人靠近，便长鸣一声给出警示信号，群雁便整齐地冲向蓝天、列队远去。而那只放哨的大雁，在别人都进食的时候自己却不吃不喝。

如果在雁群中，有任何一只大雁受伤或生病而不能继续飞行，雁群中会有两只大雁自发地留下来守护照看受伤或生病的大雁，直至其恢复或死亡，然后它们再加入新的雁阵，继续南飞直至目的地。

由此可见，在合作之中，牺牲精神是非常重要的，是实现共同目标的重要保证。

朋友，现代社会是一个充满竞争的社会，但同时也是一个更加需要合作的社会。作为一个现代人，只有学会与别人合作，才能够取得更大的成功。

青少年朋友，让我们手牵手，一起唱一首《团结歌》吧：

　　为人相谦让，

　　团结互帮忙。

　　大家挽起手，

　　能筑长城长。

　　一人力量薄，

　　众势不可挡。

　　团结力量大，

　　……

参与公益多献爱心

参与公益多献爱心，是我们乐于助人的表现。公益活动是指一定的组织或个人向社会捐赠财物、时间、精力和知识等活动。生活中，每个人都需要关爱。如果没有关爱，社会生活就会枯燥无味，人间就没有真、善、美。只要处处有关爱，世界才会变得更美好、更灿烂。

"只要人人都献出一点爱，世界将变成美好的人间。"每当大家听到这首歌曲的时候，心里顿觉升起阵阵暖意。参加公益活动，就是献出我们的爱心！

青少年朋友，让我们来看一个献爱心的故事吧。

寒假刚开始，我在妈妈的鼓励下报名参加了我们小区的公益活动——为社区孤寡老人送温暖、献爱心。一大早，我们带着米、油、糖来到独居的吴奶奶家中，80多岁的吴奶奶看到我们，高兴得合不拢嘴了。

我们一放下东西，就为吴奶奶擦窗户、拖地板，还把吴奶奶家坏了好几天的电灯修好了。

我们看到吴奶奶的头发乱蓬蓬的，就烧水给她洗头发。大姐姐小英负责洗，我在一旁当帮手，递洗发水，拿毛巾。洗完头发，吴奶奶一个劲地说："真舒服，你们真是一群好孩子。"最后，我们还把吴奶奶换下来的衣服都洗干净了。

时间过得真快啊，两个多小时一下子过去了，吴奶奶家变得整洁干净了，我们要和吴奶奶再见了。吴奶奶感动得流着泪说："谢谢，谢谢你们。"

在回家的路上，寒风吹来，我却一点都没感觉到冷。我为自己能付出自己的一片心意，心里暖洋洋的。

如今的我们大多都是独生子女，在家中处在中心地带，饭来张口、衣来伸手，整天被爱包围着。于是我们在家长的溺爱下，形成了不少弱点，其中最大的弱点就是缺乏爱心，心目中只有自己，不关心他人。因此，参加公益活动，对于培养我们的爱心具有不可替代的重要意义。

上面故事的小作者正是因为参加了一次公益活动，才会有这么多感受的。放眼社会，多少失学儿童需要关爱，多少孤儿需要关爱，多少贫困地区的人需要关爱，多少在病魔折磨下的病人需要关爱……这些都需要我们伸出关爱的手！

有一首歌叫作《爱的奉献》，里面这样唱道："只要人人都献出一点爱，世界将变成美好的人间。"每个人都有三重身份，除了是一个个人外，还是一个家庭成员，同时也是一个社会人。

因此，我们每个人的行为举止，不仅仅要对自己负责，也会对家庭和社会产生影响。尽管每个人于社会很渺小，就像大海中的一滴水，虽然它不能改变水的质量，但谁也不能说它的影响是不存在的。

患绝症的人希望康复；战争中的人希望和平；贫困区的孩子希望上学。他们的希望靠什么来满足？只有爱心。因为有爱心，才有伟大无私的奉献者，不计回报。因为有爱心，才有无数的人们关心战地的难民。因为有爱心才有希望小学、希望工程……

爱，是这个世界最真挚的情感，毫不造作。所以，它令人感动。爱心不是心血来潮，当它从你心中萌发的那一刻起，就注定了与你共存。有一本书中这样说："水一旦深流，就会发不出声音，人的感情一旦深厚，就会显得淡薄。"爱心也亦是如此，它一旦植入人心，就会变成永恒。

因为有了有爱心的老师，才会有茁壮成长的学生；因为有了有爱心的医生，才会有逐渐康复的病人；因为有了有爱心的社会，才会有团结奋进的国家。

"公益"已经成为电视节目的流行词。大家熟悉的节目《勇往直前》，是一个为了公益事业而制作的娱乐节目，受到众人的关注，引起了社会极大的反响。那些名人为了给贫困山村的孩子们建一所希望小学，挑战自我，挑战极限。

我们在为公益事业贡献自己那一分力量的时候，为的不是掌声，不是别人的称赞，而是给自己的人生添上彩色的一笔。如果每个人献出一份爱、一个微笑，社会将充满爱。

人活着不能只为自己，也要为社会尽自己的一点力量。并非一定要成就伟人或什么大事业才可以对社会做贡献，日常生活中，有许多需要我们为社会尽职尽责的地方。

青少年朋友们，让我们携起手来，为公益事业做出自己的一份贡献，献出自己的一分力量吧！我们同唱一首《天下一家》，祝愿我们青少年在未来的公益活动中，成为亲密的一家人：

> ……
>
> 祝福你，天下一家。
>
> 勇敢的旋律，在耳边回响。
>
> 心灵的深处，充满神奇的力量。
>
> 用纯洁善良战胜贪婪的欲望，
>
> 我这地球村庄，So Wonderful（非常美妙）。
>
> 每一个新的生命在期待，
>
> 美好世界，是他们的未来。
>
> ……

做一个宽容豁达的人

青少年朋友，在我们个人的名利或物质利益受到损害，或者由于个人利益与他人发生矛盾时，如果能大气、大量地退让一步，则不仅不是懦弱，反而是一种大忍之心的体现。

如果说我们的生活是大海，那美德就是汇成这汪洋大海的河流，而宽容是其中最重要的支流之一，别看它不起眼，但却是不可缺少的。

亲爱的青少年朋友，让我们来看一个宽容的小故事吧。

那是一个星期五的下午，我们学校举行了一场别开生面的足球赛。在这次的球赛中，为了争夺一个球，刘非不小心将我的小拇指撞成骨折。

我决定再也不和他玩了，并哭着跑回了家。

回家之后，妈妈立刻带我去了医院。医生替我包扎好后，我伤心地把整件事的经过告诉了妈妈。

妈妈摇摇头，生气地

说："人家刘非也不是故意的，你思想品德课上没学过吗？要有一颗宽容的心，只有这样，你才会有更多的朋友。"

妈妈的话，使我感到无地自容。我心想："我的心胸太狭窄了。怎么能因为一点小事而怨恨朋友呢，还不理他呢？妈妈说得对，人应该要有一颗宽容的心，才会在学习上、友情上取得成功！"

星期一，我在课间休息时找到了刘非。他还在为那件事感到自责。我微微一笑，伸出手去对他说："没事，我已经原谅你了，从今以后，我们还是朋友！"

刘非先是感到一阵诧异，随后付之一笑，握住我的手，两双稚嫩的小手紧紧握在一起，这既是对我和刘非友情的证明，也是我宽容的表现呀！

很多时候，与朋友或同学发生一些矛盾或分歧，双方往往为了所谓的"面子"都不愿意退让，怕从此被人看低，最终把小小的不和演变成了不可收拾的争端，导致两败俱伤。

所以，亲爱的青少年朋友，如果你懂得让步，就能够避免不必要的麻烦。正所谓"忍一时风平浪静，退一步海阔天空"，正如故事中的两个好朋友。

宽容是火，它能使人冰释前嫌，化除心中的冰块。

宽容是水，它能熄灭我们每个人心中的那股怨气。

宽容是美，它是美好人格的显现，是品质的试金石。

宽容是宝，拥有了它，就拥有了世界上最大的财富。

在生活中，在学习上，在方方面面，我们都不能失去宽容。宽容，能消除人与人之间的一切隔阂，能使人与人之间相互理解、相互尊重，得到别人对你的信赖。如果你想要得到宽容，你就要先学会宽容；你想要别人退一步，自己就要先退一步。

"天下万物，有容乃大"，宽容大度是赢得他人之心的千金妙方。学会宽容，人际关系将会更加和谐。

宽容是一种智慧。英国有一句谚语："世上没有不长杂草的花园。"对他人的宽容，正是建立在对他人的体谅和理解之上。

宽容是一种境界。佛经中说："一念境转。"同样是面对他人的过错，耿耿于怀、睚眦必报带来的是心灵的负累，而真正的仁者会选择宽容。

宽容是一种美。深邃的天空容忍了雷电风暴一时的肆虐，才有风和日丽；辽阔的大海容纳了惊涛骇浪一时的猖獗，才有浩渺无垠；苍莽的森林忍耐了弱肉强食一时的规律，才有郁郁葱葱。

泰山不辞抔土，方能成其高；江河不择细流，方能成其大。宽容是壁立千仞的泰山，是容纳百川的江河湖海。

宽容是一种气度。宽容能包容生活中的喜怒哀乐，可以化解恩怨，饶恕所有令自己接受或不接受的是是非非，没有宽容的思想和精神就难以造就伟大的人格。

对于社会来说，一个健康、文明、和谐的社会，需要宽容。它为每个人的自由发展和创造提供条件，互利共生。"人非圣贤，孰能无过。"宽容不仅为别人，更是为自己创造机会。

当我们能大度地原谅别人时，自己也能在这种释然的轻松中感到无比的快乐。宽容就如同一缕灿烂的阳光，照在心灵上，融化了冰冻的心，曾经的恩恩怨怨都烟消云散。

宽容是无声的教育。

相传，古代有位禅师，一日晚上在禅院里散步，见墙角边有一张椅子，他一看便知有人违反寺规越墙出去了。禅师不声张，走到墙边移开椅子，就地蹲着。

一会儿，果真有一小和尚翻墙，黑暗中踩着禅师的脊背跳进了院子。当他双脚着地时，才发觉刚才踩的不是椅子，而是自己的师傅。小和尚顿时惊慌失措，张口结舌。

但出乎意料的是，禅师并没有厉声责备，只是以平静的语调说："夜深天凉，快去加件衣服。"老禅师宽容了他的弟子。他知道，宽容是一种无声的教育。

亲爱的青少年朋友，人的一生不会一帆风顺，它会在无数个得到与失去、欢乐与痛苦中循环走过，会有很多的无奈、苦难和挫折。生活里太多的不如意，需要我们用宽容的心境去对待。

做一个宽容豁达的人，人生会很快乐。法国文学大师雨果曾说："世界上最宽阔的是海洋，比海洋宽阔的是天空，比天空宽阔的是人的胸怀。"

让我们从自己做起，宽容地对待别人，一定会有许多意想不到的结果。当被别人批评时，拥有一颗宽容的心，心平气和，审视自己，就会发现，别人其实是一片好心。这样，我们大家就都会感到这个社会很温馨。

宽容豁达，对人对己都可成为一种无须投资便能获得的"精神补品"。学会宽容有益于身心健康，还能赢得友谊，保持和谐的工作生活环境。

因此，我们在平时的学习生活中，无论是对家人、对朋友、对教师、对同学，对生活中所遇到的人，都要有一颗宽容的心。宽容能折射出一个人的处世能力水平、待人的艺术和涵养。

当然，宽容并不是无原则的，它是建立在自信、助人和有益于工作和社会的基础上的适度宽容，必须遵循法制和道德规范。

与别人赌气、与别人争执，最终伤害的都是我们自己。即使在争端中我们占了上风，而最终又能得到什么呢？

如果能退一步，我们将收获一份心灵的宁静，以及别人对我们的尊敬。

青少年朋友，我们不妨做个生气的记录本，记录下你每次与人发生争执、生气的时间和原因，过一段时间重新翻看一遍，或许你会发现大部分理由都是微不足道甚至无聊可笑的。相信以后再遇到类似的

情况，我们也就不会像炮仗一样，一点就着了。

亲爱的朋友，让我们做一个宽容豁达的人，以宽容平直、达观敦厚的胸怀，去学习、去生活、去处世。

愿我们每一个人都拥有宽广的胸怀、海纳百川的气度！

关爱他人快乐多

关心是爱的基础。毫不关心，肯定不会爱什么。越是有爱心，就越会关心。因此，人们通常把它们放在一起：关爱。

不懂得关心家人和朋友的人必然是一个自私冷漠的人，他也不值得别人去爱他。幸福并不是自己得到什么，而是把你的给他，他的给我，我的再给你，用自己的心换来的爱，才是真正的幸福。

学会关心比只会享受关心更重要。关心别人的人，会为别人的快乐而快乐，也会为别人的痛苦而痛苦，会因此而显得有血有肉，丰富多彩。青少年朋友，让我们来看一个小故事吧。

有一次，坐公共汽车时，我"抢"到了一个位子，在司机的旁边，上车下车都非常方便。车开出一站后，就上来一位老奶奶。

"有没有人给这位老奶奶让座呀？有没有人给这位老奶奶让座呀？"我的耳朵差一点点儿就被震聋了。

可是车上还是一片沉默，似乎每一个人都是木头人。老奶奶充满光泽的眼睛突然黯淡了下来。

那时，我正在犹豫："到底要不要给这位老人让座？"

我猛然站起来说："奶奶您坐吧！"我的声音太响亮了，所有人的眼睛都看着我，我脸上不由得发红。

那位老奶奶露出了微笑，司机也用赞许的眼光看着我。

老奶奶用不是很标准的普通话对我说："来，孩子，来，和我一起坐下。"老奶奶一边说，一边还摸摸我的脑袋。

这位老人的亲切让我羞愧不已，因为我在让座时曾经有过片刻的犹豫。不过，我终于战胜了自己，帮助了一个需要帮助的人。下车后，我心跳不由自主地加速。不是害怕，而是兴奋，帮助人的感觉真好啊！

这位小朋友曾经犹豫，要不要让座，但是，他最终战胜了犹豫，帮助了老奶奶。所以，他赢得了赞赏，也得到了快乐，更让别人得到了快乐，这就是关爱的真谛！

爱是一缕神奇的阳光，能让凛冽的寒冬变成阳光明媚的暖春。爱是一把神奇的钥匙，能打开任何心灵的门，无论是生了锈的，还是沉睡了很久的。爱是一种神奇的药，能让一个痛不欲生的人变得开朗……爱，就是这么神奇。

青少年朋友们，当我们在享受别人的关爱时，我们也可以给予别人关爱。如果我们曾经不懂也没有去做，今后可以学着去给别人关爱与快乐。